Pythonで学ぶ
実践画像・音声処理入門

博士(工学) 伊藤　克亘
工 学 博 士 花泉　　弘 共著
博士(工学) 小泉　悠馬

コロナ社

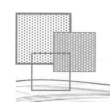

まえがき

　本書の目的は，音声や画像などのディジタルメディアを処理するためのプログラミングの基礎を学ぶことです．ディジタルメディア処理の最先端技術の多くは高度な数学に基づいています．それらの技術を習得する第一歩として本書では，理系の大学 1，2 年生までに学ぶような数学でもさまざまな処理に役立つことを学びます．その際に，なるべく実際の音声データや画像データを処理して実践的な知識を習得することを目指しています．また，コンピュータによる音声や画像の簡単な加工，分析，生成方法を音声処理と画像処理の共通性を意識しながら学ぶことで，データサイエンスの基礎を学ぶことを目的としています．

対 象 読 者

　本書は，Python 3 による Python プログラミングの基本知識を備えていることを想定して執筆しました．具体的には，関数，関数の引数，ループを理解していることを想定しています．

　数学に関しては，高校数学および大学レベルの微積分，線形代数，統計学の基礎知識があることが必要ですが，必要に応じて，基礎的なレベルの教科書を参照すれば十分でしょう．またフーリエ変換については，どのようなものか知っている方がサンプルプログラムを理解しやすいでしょう．

本 書 の 構 成

　本書では，章の最初に，その章のプログラムに必要なパッケージを示します．

説明内容に合わせて，数行のプログラムが示されます。これらのプログラムは，章内では，全部続けて実行することを想定しています。つまり，章の最初の方で値を設定された変数が，後のプログラムで断りなしに使われることもあります。

また，章の最初にキーワードを示します。それに関連する数学的な事項を思い出すとよいでしょう。

その章で学んだことを定着させるための章末問題も用意しています。これらの問題は，学んだ知識を自分なりに応用するためのヒントになっています。定着させるためには，最後まで自力で考えた方がよいのですが，巻末にはヒントを掲載しました。

本書で想定する Python 環境

本書のサンプルプログラムは，Mac OS Sierra 上の Anaconda 4.4.0 をベースとした Python 3.5 の環境で動作確認しています。Windows など異なる環境では，出力などが多少異なるのでご留意ください。パッケージのインストール方法などは，サポートサイトに掲載しています。本書で用いた音声や画像データ，本書のために開発したパッケージもサポートサイト（www.coronasha.co.jp/np/isbn/9784339009026/）からダウンロードできます。

本書で用いるパッケージの一覧を次頁に示します。破線の下は cis.py だけで用いるもので，サンプルプログラムなどで直接使うことはありません。

科学技術プログラミングの分野では，本書で紹介した NumPy を基盤とする，さまざまなパッケージが作られています。本書が，そのようなパッケージの利用につながるような音声・画像処理の実践的な Python プログラミングを習得する一歩になれば幸いです。

2018 年 2 月

著　　　者

まえがき　　*iii*

本書で用いるパッケージの一覧

パッケージ名	説　明
numpy	数学的なアルゴリズムを式に似た形式でプログラミングできる関数
numpy.matlib	プログラミング言語・環境の MATLAB に含まれる便利な関数
numpy.linalg	線形代数
scipy.fftpack	高速フーリエ変換（FFT）
scipy.io	ファイル入出力
scipy.signal	信号処理
scipy.ndimage	画像処理
scipy.ndimage.filters	画像処理用フィルタ
scipy.spatial	空間処理
scipy.stats	統計処理
skimage.transform	画像の幾何学的変換
skimage.feature	画像の特徴抽出
skimage.util	画像処理ツール
sklearn.cluster	クラスタリング
sklearn.neighbors	機械学習の最近傍法
matplotlib.pyplot	MATLAB のようなグラフ描画
matplotlib.mlab	MATLAB と同一の名称を持つプロット関連の互換関数
cv2	画像処理ライブラリ OpenCV の利用
cis	本書のために作成
simpleaudio	音声入出力
mpl_toolkits	matplotlib 用ツール
plotly	データ可視化

1 簡単な音声処理

1.1 波形データの生成 ………………………………………………… *1*
1.2 1次元データの可視化 ……………………………………………… *5*
1.3 時間波形の重ね合わせ ……………………………………………… *9*
1.4 時間波形の連結 ……………………………………………………… *12*
1.5 読み込んだ音声データの加工 ……………………………………… *13*
章 末 問 題 ……………………………………………………………… *15*

2 簡単な画像処理

2.1 画像の構造 …………………………………………………………… *17*
2.2 画像・ビデオの読み込み …………………………………………… *21*
2.3 領域の抽出 …………………………………………………………… *27*
章 末 問 題 ……………………………………………………………… *32*

3 音声のフーリエ変換

3.1 フーリエ変換 ………………………………………………………… *34*
3.2 窓 関 数 …………………………………………………………… *38*
3.3 音声のフレーム処理 ………………………………………………… *41*

3.4　逆フーリエ変換 ·· 44

章 末 問 題 ·· 45

4　フィルタ（音声）

4.1　線 形 フ ィ ル タ ·· 48

　　4.1.1　線 形 シ ス テ ム ·· 48

　　4.1.2　遅 延 演 算 ··· 49

　　4.1.3　移動平均フィルタ ·· 51

4.2　イ ン パ ル ス 応 答 ·· 53

4.3　IIR フ ィ ル タ ··· 56

4.4　フィルタ設計のツール ·· 57

章 末 問 題 ·· 58

5　画像の周波数領域処理

5.1　空 間 周 波 数 ·· 60

5.2　2 次元フーリエ変換 ·· 62

5.3　周波数領域でのフィルタ処理 ·· 64

5.4　周波数領域での画像の拡大 ·· 68

章 末 問 題 ·· 69

6　画像の空間領域処理

6.1　2次元畳み込み ··· 71

6.2　微 分 演 算 ··· 74

6.3　エ ッ ジ の 検 出 ·· 75

vi　目　　　次

6.4　非線形フィルタ ………………………………………………… 79
章 末 問 題 ………………………………………………………… 79

7　音声データの相関

7.1　相 互 相 関 ……………………………………………………… 81
　7.1.1　ベクトルの類似度 ……………………………………… 81
　7.1.2　相互相関関数 …………………………………………… 84
7.2　自 己 相 関 ……………………………………………………… 86
7.3　時間波形のフレーム処理 ……………………………………… 88
章 末 問 題 ………………………………………………………… 93

8　画像データの類似度

8.1　画素のユークリッド距離 ……………………………………… 95
8.2　画素の相関の応用 ……………………………………………… 96
8.3　領 域 の 相 関 …………………………………………………… 97
章 末 問 題 ………………………………………………………… 102

9　複 素 信 号

9.1　信号の複素指数関数表現 ……………………………………… 104
9.2　周 波 数 変 調 …………………………………………………… 106
　9.2.1　瞬 時 周 波 数 …………………………………………… 106
　9.2.2　周 波 数 変 調 …………………………………………… 107
　9.2.3　任意の音の周波数変調 ………………………………… 108
章 末 問 題 ………………………………………………………… 112

目　　　次　　vii

10　画像の幾何学的処理

10.1　2次元平面上の回転 ·· 115

10.2　2次元平面上の平行移動 ··· 118

10.3　同次座標表現を用いた変換 ··· 118

10.4　アフィン変換 ·· 120

10.5　射　影　変　換 ··· 124

10.6　複雑な形状の変換 ··· 124

章　末　問　題 ··· 127

11　分　　　　　類

11.1　特　　徴　　量 ··· 130

　11.1.1　短時間エネルギー ·· 131

　11.1.2　零　交　差 ··· 132

11.2　k最近傍分類 ··· 134

11.3　最　尤　法 ··· 138

章　末　問　題 ··· 140

12　音声・画像処理の応用

12.1　Wavetable合成 ·· 142

　12.1.1　ADSRエンベロープ ·· 142

　12.1.2　楽器音からの波形データの抽出 ··································· 145

　12.1.3　複数のテンプレートを用いた合成 ································· 146

　12.1.4　長　さ　の　変　更 ··· 149

viii 目　　　　次

12.1.5　リサンプルによるピッチの変更 ··································· *150*

12.2　衛星画像の時間変化領域の解析 ····································· *150*

章　末　問　題 ·· *154*

章末問題ヒント ··· *158*

索　　　　引 ··· *175*

1 簡単な音声処理

　まず，1 次元のディジタルデータの代表として音データを取り上げる。この章ではコンピュータに読み込んだ音声データを用いて，本書で対象とする中心パッケージである numpy と matplotlib の基本機能を習得する。

―――――――――――― 利用するパッケージ ――――――――――――

```
import numpy as np
import matplotlib.pyplot as plt
import cis
```

キーワード　　振幅，周波数，サンプリング周期，サンプリング周波数，離散的，スカラ，ベクトル，可視化

1.1　波形データの生成

　最も単純な音の一つに**純音**がある。純音は**正弦波**で表される。物理の教科書では，純音は式 (1.1) のように表される。

$$y = A \sin(2\pi f t) \tag{1.1}$$

ここで，y は音圧，A は**振幅**，f は**周波数**，t は時間である。時間を横軸にとった y の変化のグラフが**図 1.1** である。

　グラフは 2 次元であるが，y という変数が各時刻で一つの値をとり，その値が時間で変化するので 1 次元データと呼ぶ。

　式 (1.1) に基づいて，Python で音のディジタルデータを生成するプログラムを作成する。データを生成するためには，まず，式 (1.1) の変数の値を決めなけ

1. 簡単な音声処理

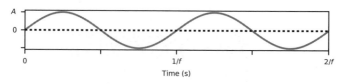

図 **1.1** 正弦波のグラフ

ればならない．A，f は，それぞれ一つの値を定めればよい．例えば，$A = 1$，$f = 50$ などである．このように大きさのみを持つ量のことを**スカラ**と呼ぶ．

一方，t については，例えば，1 秒間のデータを作成するときには，開始時刻を 0 秒とすると，時刻 0 秒から 1 秒まで変化する．式で書くと $0 \leq t \leq 1$ となる．つまり一つの値ではない．

物理的な世界では，t は連続的に変化する．このような連続的な量をコンピュータで扱う最も一般的な方法は，均等で微小な間隔の値の列として表現することである．例えば，1/8 000 秒の間隔とすると，$0 \leq t \leq 1$ という範囲は，0，1/8 000，2/8 000，3/8 000，$\cdots$，7 999/8 000，1 という数の列で表される．この 1/8 000 秒を**サンプリング周期**と呼ぶ．また，この周期に対応する周波数を**サンプリング周波数**と呼ぶ．周波数は周期の逆数なので，この場合は 8 000 Hz となる．

このようにとびとびの値で表すことを**離散的**であるという．つまり，コンピュータの中では正弦波は，図 **1.2** の丸印のところだけで表現されている．

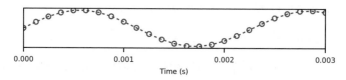

図 **1.2** 離散的な音声データ

このようなデータをプログラミングするときには，t をひとまとまりで扱うと便利である．そのような場合，数学的には**ベクトル**として扱うことがある．プログラムでは，ベクトルをそのままの形で扱えると便利である．

1.1 波形データの生成 **3**

● **正弦波の生成**　　ベクトルをそのまま扱える numpy パッケージを利用
して 440 Hz の音を 1 秒間生成してみる。**プログラム 1-1** のように入力する（先
頭に数字がある場合は行番号を表す。また，>>> は，Python が表示するプロン
プトである。したがってどちらも入力しなくてよい）。

──────── **プログラム 1-1**（正弦波の生成）────────

```
1   >>> t=np.arange(0,1,1/8000)
2   >>> a=0.8
3   >>> f=440
4   >>> y=a*np.sin(2*np.pi*f*t)
```

このように，ベクトルを用いた計算を，非常に簡単に，ほとんど数式と同じ
形で記述するだけでプログラミングできる。1 行目では，時間を表す数列を作成
している。np.arange の np. の部分は，章の冒頭で示した numpy というパッ
ケージであることを示している。つまり，np.arange とは numpy パッケージ
の arange という関数であることを意味する。arange の使い方を示す。

```
>>> np.arange(0,10)
array([0, 1, 2, 3, 4, 5, 6, 7, 8, 9])
```

arange は，このように，数列を作成する関数である。第 1 引数は，数列の開
始値であり，第 2 引数の一つ前の値で終了するように指定する。この例の場合，
0 から 10 の一つ前の 9 までの整数列が生成され，n に代入される返り値には，
データ型が array であることが明示されている。

　プログラム 1-1 の arange の例では引数が三つある。この場合，第 3 引数が
生成する数列の間隔となる。間隔を指定する例を示す。

```
>>> np.arange(-1,2,0.5)
array([-1. , -0.5,  0. ,  0.5,  1. ,  1.5])
```

指定した通りに 0.5 刻み間隔の数列が生成される。第 2 引数は 2 なので，2 の
一つ前の 1.5 が最後の要素となる。

　プログラム 1-1 の 2 行目は，振幅を設定している。ここでは，振幅が指定さ

4　　1. 簡単な音声処理

れていないので，適当な値としている。4 行目は，式 (1.1) を NumPy でプログラミングしている。数式とほとんど同じ形で表現できることに注目してほしい。この pi は，NumPy であらかじめ用意されている変数で π の値を持つ。

sin は，三角関数の sin である。NumPy で用意されている関数については，info 関数で説明を見ることができる。

```
>>> np.info(np.sin)
sin(x[, out])

Trigonometric sine, element-wise.

Parameters
----------
x : array_like
(以下略)
```

この説明に x :　array_like とあるように，sin 関数は引数に配列（数列）をとれる。引数に数列をとった場合の例を示す。

```
>>> np.set_printoptions(precision=3)
>>> y2=np.sin(np.arange(0,1,0.1))
>>> y2
array([ 0. ,  0.1 ,  0.199,  0.296,  0.389,  0.479,  0.565,  0.644,
        0.717,  0.783])
```

1 行目 set_printoptions は出力を制御する関数である。ここでは，最長で小数点以下 3 桁になるように抑制している。この例では，sin の引数は数列である。その場合，計算結果の y2 も数列となり，その値は引数の sin の値である。このように NumPy の多くの関数は数列や行列を引数にとることができる。この機能を活用すると，NumPy を用いて数式とほぼ同じ形でプログラミングできるようになる。

プログラム 1-1 の 4 行目では，t は数列である。t に掛けられている 2*np.pi*f は，この場合 f は 440 なので，$2 \times 3.14 \times 440 = 2\,763.2$ となりスカラである。NumPy では，ベクトルにスカラが掛けられている場合はベクトルのそれぞれ

の要素をスカラ倍する。したがって，`2*np.pi*f*t` は，数列 t のおのおのの
要素を $2\pi f$ 倍する。すべての要素が $2\pi f$ 倍された数列に対して sin を計算し，
その結果の数列を a 倍している。

作成した音データを出力するための関数が `audioplay` である。プログラム
1-1 で作成した y はつぎのようにして出力する。

```
>>> cis.audioplay(y,8000)
```

第 1 引数が出力したい数列，第 2 引数はサンプリング周波数である。周波数
が 440 Hz の「ラ」の音が 1 秒間聞こえるはずである。

1.2　1 次元データの可視化

音を生成したり，加工したり，録音した場合には，もちろん，音を再生，出
力して確認すべきである。しかし，音は聞こえ方が人によってかなり異なるし，
プログラムに失敗していたら，聞こえる音にならなかったり，デバイスに悪影
響を与えるようなデータになることもある。したがって，聞く以外の方法でも
確認した方がよい。普通には見ることができないデータを見えるようにするこ
とを**可視化**という。

まず，時間に対する音圧の変化のグラフで確認する方法を取り上げる（**音声
波形**，**時間波形**のプロットと呼ばれることが多い）。

```
>>> plt.plot(y)
[<matplotlib.lines.Line2D object at 0x110d515c0>]
>>> plt.show()
```

1 行目の `plot` は，数列をプロットする関数である。特に指定しなければ，横軸
を数列の**インデックス**（番号）とし，縦軸を数列の値として，直線でつないでプ
ロットする。ただし，この段階では，グラフは表示されず，システムの出力が
返される（2 行目，`at` 以降の 16 進数は実行環境により変化するため，この例
とは異なった値となる）。3 行目の `show` によりグラフが表示される（**図 1.3**）。

6　　1. 簡単な音声処理

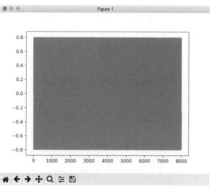

図 **1.3**　音声波形のプロット

表示されたウィンドウを消さないとつぎのプロンプトは表示されない。

　これではどのように値が変化しているかはほとんどわからないだろう。そのような場合は拡大できる。グラフが表示されている Figure 1 というウィンドウの下部のアイコンメニュー[†]から虫眼鏡アイコンを選択する。するとグラフ内ではマウスで長方形の領域が選択できるようになる。その後，適当に範囲を指定すると図 **1.4** のように，典型的な正弦波のグラフが見られる。

　これらのグラフでは，縦軸（y 軸）は，音圧（変位ともいう）を表している。

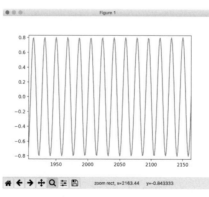

図 **1.4**　拡大したプロット

[†]　Windows の場合，メニューはウィンドウの上部に表示される。

しかし，横軸（x 軸）は，時間ではなく，データのインデックスを表している。グラフの概形を見るだけなら，このプロット方法でも十分である。しかし，データのどの時刻でどうなっているかを知るためには，横軸に時間が表示されるようにプロットすべきである。

```
1  >>> plt.plot(t,y)
2  [<matplotlib.lines.Line2D object at 0x115579b00>]
3  >>> plt.xlabel('Time (s)')
4  <matplotlib.text.Text object at 0x11b594eb8>
5  >>> plt.ylabel('Amplitude')
6  <matplotlib.text.Text object at 0x11a78e3c8>
7  >>> plt.show()
```

1 行目のように第 1 引数に時間に対応した数列を指定すると，横軸は時間になる（図 **1.5**）。3 行目の `xlabel`，5 行目の `ylabel` はグラフの軸にラベルを設定する関数である。

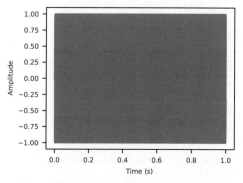

図 **1.5** 横軸の単位を時間に設定したグラフ

● **数列の部分的な利用**　グラフの詳細を観察するために，いちいち拡大ツールを使うのは面倒なので，データの一部をプロットする方法を紹介する。

`numpy` では，ベクトルの要素を指定するにはつぎのように `[]` でインデックスを囲む。

8　　1. 簡単な音声処理

```
>>> y[0]
0.0
>>> y[-1]
-0.27099033619595309
>>> y
array([ 0. , 0.271, 0.51 , ..., -0.689, -0.51 , -0.271])
>>> y.shape
(8000,)
>>> y[7999]
-0.27099033619595309
```

インデクスは 0 から始まる。つまり，y[0] は，y の最初の要素を表示している。y[-1] のように「−」の付いたインデクスは要素を最後から数えることを表す。例えば，-1 というインデクスは，最後から 1 番目，つまり一番最後の要素を表す。y とだけ入力すると y の値が表示される。長い数列の場合，途中が省略されて表示される。この出力を見ると，y[-1] が確かに最後の要素であることがわかる。numpy の数列は，さまざまなメソッドを持つオブジェクトである。shape は数列の次元数と各次元のサイズを要素とするタプルを返すメソッドである。y は 1 次元の数列なので，値を一つだけ含むタプルが返される。つまり，y の要素数は 8 000 である。インデクスは 0 から始まるので，最後の要素のインデクスは 7 999 である。

numpy では数列を使って複数のインデクスを一度に指定できる。

```
>>> y[0:10]
array([ 0. , 0.271, 0.51 , 0.689, 0.786, 0.79 , 0.701, 0.529,
        0.294, 0.025])
>>> y[:10]
array([ 0. , 0.271, 0.51 , 0.689, 0.786, 0.79 , 0.701, 0.529,
        0.294, 0.025])
>>> y[-10:]
array([ 0.247, -0.025, -0.294, -0.529, -0.701, -0.79 , -0.786, -0.689,
       -0.51 , -0.271])
>>> y[-10:-1]
array([ 0.247, -0.025, -0.294, -0.529, -0.701, -0.79 , -0.786, -0.689,
       -0.51 ])
```

y[0:10] は y の最初から 10 個の値を指定している。「:」は numpy の数列の

範囲を指定する演算子である。整数で 開始値:終了値 という形式で指定すると，開始値から終了値の一つ前までの値の範囲が指定される。つまり，0:10 で，0から 9 までの 10 個分の範囲が指定される。開始値を省略した場合は 0 を指定したことになる。つまり，[:10] は 0:10 と同じである。終了値の場合は最後の要素までを指定したことになる。つまり，[-10:] で $-10, -9, \cdots, -2, -1$ の 10 個分の範囲が指定される。-10:-1 のように終了値として -1 を指定するとその前の値の -2，つまり，最後の要素の一つ前の要素までしか指定されない。

このように numpy では配列の添え字をベクトルや行列で指定して複数の値を同時に指定できるので，y の一部を簡単に取り出せる。この機能を使うと，つぎのように簡単に y の一部をプロットできる。

```
>>> plt.plot(y[0:10])
[<matplotlib.lines.Line2D object at 0x10fd1f9b0>]
>>> plt.show()
```

横軸を対応する時間にするためには，つぎのように t と y の同じ部分を指定すればよい。

```
>>> r=np.arange(10)
>>> plt.plot(t[r],y[r])
[<matplotlib.lines.Line2D object at 0x10fe3eba8>]
>>> plt.show()
```

arange は引数を一つにすると，第 1 引数に 0 が省略されたと見なす。つまり，1 行目は r=np.arange(0,10) と同じである。このように t と y に関して，同じインデクスの部分を取り出せば x 軸に対応する時間が表示される。

1.3　時間波形の重ね合わせ

音というメディアでは，和音を出したり，複数の楽器で合奏したり，セリフの背景に音楽（BGM）を流したりするように，同時に複数の音を重ねてすべてを聞かせることができる。複数の音を同時に鳴らすのは，時間波形の足し算で

10　　1. 簡単な音声処理

実現できる。**プログラム 1-2** に三つの音を重ねるプログラムを示す。何行にも
わたるようなプログラムはスクリプトとして保存することができる。スクリプ
トを作成するには，適当なテキストエディタを用いてつぎのプログラムを入力
する。

――――――――― プログラム 1-2 （時間波形の重ね合わせ）―――――――――

```
 1  import numpy as np
 2  import matplotlib.pyplot as plt
 3  import cis
 4  fs=8000
 5  t=np.arange(0,1,1/fs)
 6  a=0.3
 7  y523=a*np.sin(2*np.pi*523*t)
 8  y660=a*np.sin(2*np.pi*660*t)
 9  y784=a*np.sin(2*np.pi*784*t)
10  yy=y523+y660+y784
11  cis.audioplay(yy,fs)
12  r=np.arange(200)
13  plt.plot(t[r],yy[r])
14  plt.show()
```

　入力し終わったら，適当な名前を付けて保存する（例えば，add3waves.py とす
る）。このプログラムは，シェルやコマンドプロンプトで`python add3waves.py`
とすれば実行できる。Python 内では，exec 関数を用いてインタラクティブに
も実行できる。

　つぎの例は，このファイルを Python を実行しているフォルダ（ディレクト
リ）に保存した場合である。

```
>>> exec(open("./add3waves.py").read())
```

このように実行すると，`fs`, `t` などの変数は，このスクリプトで設定された値
のままになる。

　プログラム 1-2 では，7〜9 行目で三つの正弦波を作成し，10 行目の「+」で
重ね合わせている。実行結果のプロットを見るとわかるように，新しく生成され
た時間波形の振幅は，元の波の振幅よりも大きな値になっていることがわかる。

1.3 時間波形の重ね合わせ　　*11*

プログラム **1-3** では，周波数がもう少し近い音を重ね合わせてみる。

―――― プログラム **1-3**（時間波形の重ね合わせ―うなり）――――

```
1   >>> a=0.4
2   >>> y438=a*np.sin(2*np.pi*438*t)
3   >>> y442=a*np.sin(2*np.pi*442*t)
4   >>> cis.audioplay(y438+y442,fs)
```

二つの音ではなく，一つの音が振幅を変化させて鳴っているように聞こえるだろう。これはいわゆる「うなり」という現象である。

振幅が同じで周波数が異なる正弦波を足し合わせることを数式にすると，式 (1.2) のようになる（周波数は f_1, f_2 とする）。

$$yy = a\sin(2\pi f_1 t) + a\sin(2\pi f_2 t) \tag{1.2}$$

この式は三角関数の和積公式を用いると式 (1.3) のように変形できる。

$$yy = a_{yy}\cos(2\pi f_b t)\sin(2\pi f_a t) \tag{1.3}$$

式 (1.3) を Python で計算するためには**プログラム 1-4** のようにする。

―――――――――― プログラム **1-4** ――――――――――

```
>>> yy=ayy*np.cos(2*np.pi*fb*t)*np.sin(2*np.pi*fa*t)
>>> cis.audioplay(yy,fs)
```

`ayy`, `fb`, `fa` などは適宜計算してほしい（章末問題【5】）。正しく計算できていれば，プログラム 1-3 と同じ結果が得られる。ここでは，cos と sin の計算結果として得られる数列どうしを掛けている。この操作がどのような計算を行うかを確認する。

```
>>> x=np.arange(1,4)
>>> x
array([1, 2, 3])
>>> y=np.arange(4,7)
>>> y
array([4, 5, 6])
>>> x*y
array([ 4, 10, 18])
```

12   1. 簡単な音声処理

x*y の結果は，対応する値を掛けた値からなる数列になっている。つまり個数は 3 個で最初の要素が $x[0] \times y[0] = 1 \times 4 = 4$ となる。

式 (1.3) の $a_{yy}\cos(2\pi f_b t)$ の部分を式 (1.1) の A の部分に対応すると考えると，振幅を時間の関数によって変化させている，ととらえられる。このように，信号の振幅を時間の関数で変化させることを**振幅変調**と呼ぶ。

1.4　時間波形の連結

音楽で「ド，レ，ミ」というフレーズを生成するときには，「ド」が終了した時刻のつぎに「レ」がくる，というように時間波形が順々に連結されたようになる。

プログラム 1-1 のように生成した時間波形は，行ベクトル（行列の行方向に伸びるベクトル）になっている。

Python で行ベクトルを行方向に連結するにはつぎのようにする。

```
>>> v1=np.arange(0,3)
>>> v2=np.arange(3,5)
>>> v3=np.arange(5,9)
>>> v=np.hstack((v1,v2,v3))
>>> v
array([0, 1, 2, 3, 4, 5, 6, 7, 8])
```

NumPy では，hstack の引数に行ベクトルを並べると，その順に連結される。hstack の引数には行ベクトルをいくつ並べても構わない。

プログラム 1-2 の y523 と y660 を連結して再生するには，つぎのようにすればよい。

```
>>> cis.audioplay(np.hstack((y523,y660)),fs)
```

途中で音の高さが高くなるように聞こえるはずである。

1.5 読み込んだ音声データの加工

まず，音声ファイルを Python に読み込む方法を説明する。Python を起動するディレクトリに音声ファイル vibra8.wav をコピーしておく。Python を起動してつぎのようにタイプする。

```
>>> v, fs = cis.wavread('vibra8.wav')
```

wavread は音声ファイルのデータを Python に読み込む関数である。wavread で読み込んだデータは，プログラム 1-1 で作成したデータと同様に audioplay で出力できる。

また，読み込んだ音には，自分で生成した音を重ねたり，振幅変調を掛けられる。振幅変調は「+」や「*」を利用して実現できる。

前述の vibra8.wav のデータに正弦波を足してみる。

```
>>> v,fs=cis.wavread('vibra8.wav')
>>> t=np.arange(0,1,1/fs)
>>> f=440
>>> a=0.1
>>> ysin=a*np.sin(2*np.pi*f*t)
>>> vmix=v+ysin
Traceback (most recent call last):
  File "<stdin>", line 1, in <module>
ValueError: operands could not be broadcast together with shapes (26000,)
(8000,)
```

読み込んだファイルと同じサンプリング周波数 fs で 440 Hz の正弦波を 1 秒分生成して ysin としている。その正弦波を読み込んだ v に足そうとしたところで，エラーが出てしまう。このエラーは，ファイルから読み込んだデータと作成したデータでは，ベクトルのサイズが違うことで起きている。したがって，サイズを同じにしなければならない。

長さが異なる場合には，短い方に合わせて長い方の一部を取り出すのが簡単

1. 簡単な音声処理

である．

数列の長さを調べるには，`array` の `shape` メソッドを利用する．

```
>>> v.shape
(26000,)
>>> ysin.shape
(8000,)
```

この例では，v の要素数は 26 000，ysin の要素数は 8 000 であることがわかる．そこでプログラム 1-5 により，長い v の中ほどの 8 000 個の要素を取り出すことにする．

──── プログラム 1-5（録音したデータと生成したデータの重ね合わせ）────
```
>>> vmix=v[7000:15000]+ysin
>>> cis.audioplay(vmix,fs)
>>> plt.plot(vmix)
[<matplotlib.lines.Line2D object at 0x111af07f0>]
>>> plt.show()
```

図 1.6 を見ればわかるように二つの音声波形が足された音声波形となっている．また，二つの音が重なって鳴っていることが確認できるはずである．

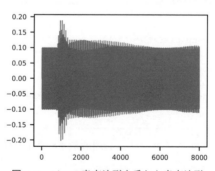

図 1.6 二つの音声波形を重ねた音声波形

Python で作成（修正）したデータは，cis モジュールの wavwrite 関数で，.wav ファイルとして保存できる．

```
>>> cis.wavwrite('mixed.wav',vmix,fs)
```

章 末 問 題　　15

Python を起動したディレクトリに mixed.wav という名前の wav ファイルができる。このファイルは，通常の .wav ファイルと同じように扱える。

章 末 問 題

【1】 つぎの条件で波を生成し，音を出力して確認せよ。
 (1)　262 Hz,　0.5 秒間
 (2)　440 Hz,　2 秒間

【2】 サンプリング周波数 16 kHz で 523 Hz の余弦波を 1 秒間生成せよ。またその音を出力して確認せよ。

【3】 プログラム 1-1 の y についてつぎの問に答えよ。ただし，横軸は時間となるようにプロットすること。
 (1)　最初から 50 ms をプロットせよ。
 (2)　最初から 1 周期分をプロットせよ。

【4】 プログラム 1-3 では，二つの周波数の大きさによってはうなりに聞こえなくなることがある。二つの音の周波数をいろいろと変化させて，うなりとして聞こえる場合と二つの音に聞こえる場合にはどのような違いがあるかを調べよ。また，どのようにして調べたかを述べよ。

【5】 式 (1.2) で $f_1 = 438$, $f_2 = 442$ として式 (1.3) の a_{yy}, f_b, f_a を計算して，プログラム 1-4 を実行せよ。

【6】 Python で作成した音データを wavwrite でファイルに書き込む場合には，波形を変化させずに値が $-1 \sim 1$ の範囲に収まるようにしないと意図した音にはならない。このように，元の値の比率を変えずに，最大値などを制限に応じて変換することを**正規化**と呼ぶ。任意の音声データ y を正規化して，つぎの空欄を適宜埋めてファイルに書き込むスクリプトを完成させよ。

```
ymax=_____ # y の絶対値の最大値を求める
y=y/(ymax*1.01)
cis.wavwrite('test.wav',y,fs)
```

【7】 つぎの空欄を埋めて，「ド，レ，ミ」というフレーズを生成し，出力するプログラムを作成せよ。

```
do=_____ #「ド」を 0.75 秒間生成
re=_____ #「レ」を 0.25 秒間生成
```

```
pau=------------------------------    # 0 を 0.25 秒間生成
mi=-------------------------------    # 「ミ」を 0.75 秒間生成
y=--------------------               # 「ドレ 無音 ミ」を生成
cis.audioplay(y, fs)                 # 出力して確認
```

【8】 (1) Audacity などフリーのソフトウェアなどを使って，なにか適当に 1 秒間
　　　　　しゃべった音を PC で録音せよ。PCM 16.0 kHz，16 ビット，モノラ
　　　　　ルで RIFF 形式で保存すること。Audacity など高機能なソフトウェアで
　　　　　は，このような設定で保存することができる。
　　　 (2) 自分で録音した音に，適当な正弦波を重ねてみよ。エラーなく重ねること
　　　　　ができたら，プロットして意図通り処理できているかを確認せよ。
　　　 (3) プロットに問題なければ，audioplay 関数で出力してどのような音になっ
　　　　　たか確認せよ。
【9】 プログラム 1-5 は v の一部に正弦波を加えているが，ここでは y sin の生成時
　　　 の t の生成方法を工夫して，v の全体に対して正弦波を加えることを考える。
　　　 この場合の t を生成するプログラムを作成せよ。
【10】 (1) 自分で録音した音を前後反転させよ。また，その結果をプロットせよ。
　　　 (2) プロットして問題がなければ，出力してどのような音になったか確認せよ。
【11】 (1) 自分で録音した音を，適当な正弦波で振幅変調してみよ。また，結果を
　　　　　プロットせよ。
　　　 (2) プロットして問題がなければ，出力してどのような音になったか確認せよ。

2 簡単な画像処理

　2次元，もしくは多次元のディジタルデータの代表として画像データを取り上げる。この章では，コンピュータに読み込んだ画像データを用いて，画像データの構造や基本的な扱いを説明する。

――――――― 利用するパッケージ ―――――――

```
import numpy as np
import matplotlib.pyplot as plt
import numpy.matlib as mlb
import cv2
import cis
```

キーワード 座標，画素，RGB，バンド

2.1 画像の構造

〔**1**〕 **グレイスケール画像**　　画像も音と同じようにコンピュータの中では数字の組で表現される。まず，簡単な例として，**グレイスケール画像**（白黒画像）の例を見てみる。

```
1  >>> x=np.linspace(255,0,12)
2  >>> x
3  array([ 255.       , 231.81818182, 208.63636364, 185.45454545,
4          162.27272727, 139.09090909, 115.90909091, 92.72727273,
5          69.54545455, 46.36363636, 23.18181818, 0. ])
6  >>> x=x.astype(np.uint8)
7  >>> x
8  array([255, 231, 208, 185, 162, 139, 115, 92, 69, 46, 23, 0],
```

```
 9      dtype=uint8)
10  >>> x=x.reshape(3,4)
11  >>> x
12  array([[255, 231, 208, 185],
13         [162, 139, 115,  92],
14         [ 69,  46,  23,   0]], dtype=uint8)
15  >>> plt.imshow(x,cmap='gray')
16  <matplotlib.image.AxesImage object at 0x116c1b208>
17  >>> plt.show()
```

1行目のlinspaceは，開始値と終了値を指定して，その間に指定した個数の等間隔の点からなる配列（ベクトル）を生成する。ここでは，255から0までの12点を生成している。6行目のastypeは配列の型を変更するメソッドである。ここでは，元のfloat型の値を8ビットの符号なしの整数型（uint8，0〜255の範囲の整数）に変換している。10行目のreshapeは配列の形状を変更して出力するメソッドである。それを用いて配列を3×4の2次元配列に整形している。11行目の出力結果からわかるように，2次元の場合は，行方向に順に並ぶように整形される。15行目で画像を描画しているが，17行目を実行するまで表示されない（図 2.1）。

この画像は，12個の**画素**から構成される。実際の画素は非常に小さいので，ディスプレイ上では，実寸で表示すると見えないくらい小さい。しかし，imshowは画像を適当に拡大，縮小して描画する関数である。この例の場合は，実際の画

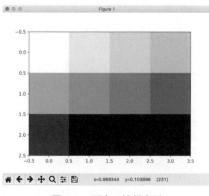

図 2.1　画素の情報表示

素よりはるかに大きく表示される。実際には，左上隅の白い部分は画素一つ分
で，その座標は $(0,0)$ であり，その下は $(0,1)$，右は $(1,0)$ となる。imshow で
は，マウス位置の座標とその場所の画素の値がウィンドウ下部のメニューバー
の右側に表示される。図 2.1 は $(1,0)$ の部分を表示させたところで，画素の値
が 231 と表示されている。この例の画像はグレイスケール画像と呼ばれ，画素
の値が大きいほどその画素は明るくなり，小さいほど暗くなる。ここでは，描
画するときに，cmap 引数を gray とすることでグレイスケール画像として描画
されている。

画像の大きさは，横方向の画素数を幅（width）と呼び，縦方向の画素数を
高さ（height）と呼ぶ。図 2.1 では，幅が 4 で高さが 3 である。

〔**2**〕 **RGB 画 像**　**RGB** と呼ばれるカラー画像では，画素は赤，緑，
青（red，green，blue，略して RGB）の三つの値の組（ベクトル）で表現され
る。**プログラム 2-1** に色の指定方法を示す。

```
―――――――――――― プログラム 2-1 （さまざまな色の生成）――――――
1  bar0=np.zeros((500,100),np.uint8)
2  bar1=255*np.ones((500,100),np.uint8)
3  Col=np.zeros((500,800,3),np.uint8)
4  Col[:,:,0]=mlb.repmat(np.hstack((mlb.repmat(bar1,1,2),
5  mlb.repmat(bar0,1,2))),1,2)
6  Col[:,:,1]=np.hstack((mlb.repmat(bar1,1,4),mlb.repmat(bar0,1,4)))
7  Col[:,:,2]=mlb.repmat(np.hstack((bar1,bar0)),1,4)
8  plt.imshow(Col)
9  plt.show()
```

左から白，黄，シアン，緑，マゼンタ，赤，青，黒の帯が生成される。NumPy
では，Col[:,:,1] のように，三つの添え字を持つ配列で 3 次元配列を表す。
この例の場合，Col は，500×800 の 2 次元配列三つから構成される。それぞ
れの 2 次元配列は，プレーン，バンドなどと呼ばれる。

NumPy では，この例のように配列の要素を指定する部分に「:」だけを書い
た場合は，開始値 0 と終了値が最後の要素までという指定を省略したことにな
るのですべての要素を指定したことになる。RGB 画像では，3 次元配列の最初

20　　　2. 簡 単 な 画 像 処 理

のバンドが赤，つぎが緑，最後が青に対応する。そのことは，表示された画像
の赤の部分でマウスボタンを押しながら少し動かしてみて，画素の値を表示さ
せると [255,0,0] と表示されることでわかる。

　1行目の zeros，2行目の ones は配列を 0 や 1 で初期化するために使われ
る。第1引数は，作成したい配列の大きさをタプルで指定する。(500,100) は 2
次元配列で第 1 次元が 500 個，第 2 次元が 100 個，行列としては 500×100 で
あることを示す。第 2 引数は配列の（数）値の型を指定する。ここでは符号な
し 8 ビット整数である。ones，zeros の使い方をつぎに示す。

```
>>> np.ones((2))
array([ 1., 1.])
>>> np.zeros((2,2),np.uint8)
array([[0, 0],
       [0, 0]], dtype=uint8)
```

プログラム 2-1 の 4 行目の repmat は，行列を繰り返して大きな行列を作成す
る関数である。

```
 1    >>> x1=np.array([[1],[2]])
 2    >>> x1
 3    array([[1],
 4           [2]])
 5    >>> x1.shape
 6    (2, 1)
 7    >>> mlb.repmat(x1,1,2)
 8    array([[1, 1],
 9           [2, 2]])
10    >>> mlb.repmat(x1,2,1)
11    array([[1],
12           [2],
13           [1],
14           [2]])
15    >>> mlb.repmat(x1,2,2)
16    array([[1, 1],
17           [2, 2],
18           [1, 1],
19           [2, 2]])
```

上記 1 行目の array は numpy の多次元配列を作成する関数である。ここで作成している x1 は 2 行 1 列の行列である。repmat は行列を第 1 引数に指定し，その行列を行方向（縦）に第 2 引数の回数，列方向（横）に第 3 引数の回数だけ繰り返した行列を作成する。7 行目では列ベクトルの x1 を行方向に 1 回，列方向に 2 回，つまり列方向に 2 回繰り返して 2 × 2 の行列を作成している。

プログラム 2-1 の 6 行目の hstack は，ベクトルだけでなく行列も横に並べることができる。つぎの例の 6 行目が行列を並べる例である。

```
1  >>> x2=np.array([[3],[4]])
2  >>> x12=np.hstack((x1,x2))
3  >>> x12
4  array([[1, 3],
5         [2, 4]])
6  >>> np.hstack((x12,x12))
7  array([[1, 3, 1, 3],
8         [2, 4, 2, 4]])
```

2.2 画像・ビデオの読み込み

〔1〕 画像の読み込み　Python では，つぎのように OpenCV の関数を用いて画像を読み込める。

```
1  >>> I=cv2.imread('paprika-966290_640.jpg')
2  >>> plt.imshow(cv2.cvtColor(I, cv2.COLOR_BGR2RGB))
3  <matplotlib.image.AxesImage object at 0x1141b3438>
4  >>> plt.show()
```

OpenCV の関数でカラー画像を読み込むと，プログラム 2-1 と違って，バンドが青，緑，赤の順で並べられる。このような画像を BGR 画像と呼ぶ。2 行目では，cvtColor 関数で BGR から RGB に変換している。

この画像の大きさは，shape メソッドで調べられる。

```
1  >>> sz=I.shape
```

```
2  >>> sz
3  (480, 640, 3)
```

shapeは多次元の場合，行方向，列方向，つぎの次元 ⋯ の順にサイズを並べたタプルを返す。この出力から，高さが 480，幅が 640，バンド数が 3 であることがわかる。

音声ファイルと同様に添え字の範囲を指定して一部を切り出すことができる。また，同じサイズの画像であれば簡単に足し合わせることができる。

```
1   >>> Ired=cv2.imread("redpepper.jpg")
2   >>> h,w,b=Ired.shape
3   >>> I=cv2.imread('paprika-966290_640.jpg')
4   >>> plt.imshow(cv2.cvtColor(I,cv2.COLOR_BGR2RGB))
5   <matplotlib.image.AxesImage at 0x114279860>
6   >>> plt.show()
7   >>> Iyellow=I[155:155+h,390:390+w]
8   >>> Imixed=Iyellow/2+Ired/2
9   >>> Imixed=Imixed.astype(np.uint8)
10  >>> plt.imshow(cv2.cvtColor(Imixed,cv2.COLOR_BGR2RGB))
11  <matplotlib.image.AxesImage at 0x1188af828>
12  >>> plt.show()
```

ここでは，小さい画像 Ired に大きさを合わせるように切り出している（図 **2.2**）。

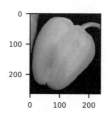

図 **2.2**　切り出した画像

8 行目で混合比 1：1 で足し合わせて，10 行目で混合した画像を描画している。この例でわかりにくいのは，7 行目で切り出しを行っているが，その際，3 次元配列の範囲を第 1，2 次元のみで指定している点であろう。

このように NumPy では，多次元配列の範囲指定を省略して行える。以下，省略方法を説明する。

2.2 画像・ビデオの読み込み　　23

```
 1   >>> A=np.zeros((3,4,3),np.uint8)
 2   >>> B1=np.arange(12).reshape(3,4)
 3   >>> B2=B1+100
 4   >>> B3=B2+100
 5   >>> B1
 6   array([[ 0, 1, 2, 3],
 7          [ 4, 5, 6, 7],
 8          [ 8, 9, 10, 11]])
 9   >>> B2
10   array([[100, 101, 102, 103],
11          [104, 105, 106, 107],
12          [108, 109, 110, 111]])
13   >>> A[:,:,0]=B1
14   >>> A[:,:,1]=B2
15   >>> A[:,:,2]=B3
16   >>> A
17   array([[[ 0, 100, 200],
18          [ 1, 101, 201],
19          [ 2, 102, 202],
20          [ 3, 103, 203]],
21
22          [[ 4, 104, 204],
23          [ 5, 105, 205],
24          [ 6, 106, 206],
25          [ 7, 107, 207]],
26
27          [[ 8, 108, 208],
28          [ 9, 109, 209],
29          [ 10, 110, 210],
30          [ 11, 111, 211]]], dtype=uint8)
31   >>> A[0:1]
32   array([[[ 0, 100, 200],
33          [ 1, 101, 201],
34          [ 2, 102, 202],
35          [ 3, 103, 203]]], dtype=uint8)
36   >>> A[0:1,0:1]
37   array([[[ 0, 100, 200]]], dtype=uint8)
38   >>> A[:,0:1]
39   array([[[ 0, 100, 200]],
40
41          [[ 4, 104, 204]],
42
43          [[ 8, 108, 208]]], dtype=uint8)
```

24   2. 簡単な画像処理

ここでは，3×4の行列を三つ並べて3次元配列を作成している。まず，そのサイズの配列を1行目で初期化している。3次元配列は，2次元配列が3セットあるものである。16行目の出力を見ればわかるように，3次元配列は，3次元配列を構成する2次元配列が列ベクトルのように表示される。つまり，1列目がA[:,:,0]を行方向の順に並べたものに対応している。5行目の出力と16行目の出力を比べるとそのことがわかる。31行目では，Aを第1次元だけ指定している。その指定は0:1，つまり最初の一つだけ，という指定である。この場合，3次元配列を構成する2次元配列のそれぞれの1行目が取り出され，列方向に表示される。これは，A[0:1,:,:]と同じである。36行目では，第1次元と第2次元が指定されている。その指定は(0,0)要素だけ，という指定である。この場合，第3次元の三つの配列のそれぞれの(0,0)要素が取り出される。これはA[0:1,0:1,:]と同じである。38行目では，第1次元はすべて，第2次元は一つだけというように指定されている。この場合，3次元配列を構成する2次元配列のそれぞれの1列目が列方向に取り出される。これはA[:,0:1,:]と同じである。

〔2〕 ビデオファイル　　ビデオファイルも読み込むことができる。ビデオファイルはフレームと呼ばれる画像データが連続して構成される。例えば，テレビであれば1秒分が30フレームで構成される。

```
 1   cap=cv2.VideoCapture('636795321.m4v')
 2   height=int(cap.get(cv2.CAP_PROP_FRAME_HEIGHT))
 3   width=int(cap.get(cv2.CAP_PROP_FRAME_WIDTH))
 4   nFrame=int(cap.get(cv2.CAP_PROP_FRAME_COUNT))
 5   frame=np.zeros((height,width,3,nFrame),np.uint8)
 6   for k in range(0,frame.shape[3]):
 7       ret, f = cap.read()
 8       if ret:
 9           frame[:,:,:,k]=f
10           k=k+1
11           continue
12       break
13   cis.implay(frame) # 1 分程度
14   cv2.destroyAllWindows()
15   cv2.imshow('frame0',frame[:,:,:,0])
16   cv2.imshow('frame1000',frame[:,:,:,1000])
```

```
17   cv2.destroyAllWindows()
```

まず，ビデオファイルを読み込むのに必要な`VideoCapture`オブジェクトを生成する（1行目）。オブジェクトとは，関連したデータや関数をまとめられるような機構である。このオブジェクトから映像の大きさやフレームの数を取得し，そのサイズにあった4次元配列`frame`を作成する。`read`メソッドはオブジェクトから1フレームずつ読み込む関数である。`implay`は映像を簡易的に再生する関数である。終了してプロンプトが表示され，ウィンドウを消去したい場合は，`destroyAllWindows`でウィンドウを消去する。それぞれフレームはカラー画像，つまり3次元配列となっている。ビデオファイルは，3次元のカラー画像が第4次元で時刻順に並べられている。この例では，OpenCVの`imshow`関数で画像を表示している。この`imshow`は，BGR画像をそのまま表示できる。再生時は，画像をつぎつぎと表示しているだけである。15，16行目では，それぞれ途中の画像を表示している。16行目の出力結果を図**2.3**に示す。本書で用いる表示方法では，速度が調整できないため実際のフレームレートと再生速度は異なる。

図 **2.3** ビデオ構成画像の表示

〔**3**〕**画像の差分** 似た画像の異なる点を簡単に調べる方法に画像どうしの差分を計算する方法がある。二つの画像の画素値を I, J とすると，符

26   2. 簡単な画像処理

号なしの場合は，$|I - J|$ を計算すればよい。ただし，uint8 では，減算が通常
の（符号あり）整数とは異なるので注意する必要がある。NumPy の uint8 の
減算の例を示す。

```
>>> a=np.uint8(10)
>>> b=np.uint8(16)
>>> a-b
__main__:1: RuntimeWarning:

overflow encountered in ubyte_scalars

250
```

このように減算結果が負の数になる場合は符号なし整数なので，負の値 -6 で
はなく，オーバーフローの警告を出力して 250 $(= 256 - 6)$ になってしまう。
この問題を避けるためには，subtract を使えばよい。

```
>>> a=np.array([10],dtype=np.uint8)
>>> b=np.array([16],dtype=np.uint8)
>>> cv2.subtract(a,b)
array([[0]], dtype=uint8)
>>> cv2.subtract(b,a)
array([[6]], dtype=uint8)
```

警告は出力されなくなったが，このように uint8 の subtract では，負の数が
0 となる。したがって

$$|I - J| = (I - J) + (J - I) \tag{2.1}$$

と計算しなければならない。

　符号なし整数の上限や下限を超えてしまう場合，例えば，符号なし 8 ビット
整数の場合に，上限や下限を超えた場合は 255 や 0 の値にしてしまえばよいの
であれば，clip 関数も利用できる。clip は下限と上限の値を指定すると，指
定した値を超える場合，指定した値に置き換える。

```
>>> a=np.array([10],dtype=np.uint8)
>>> b=np.array([16],dtype=np.uint8)
>>> np.clip(np.int(a)-np.int(b),0,255)
```

2.3 領 域 の 抽 出　　*27*

```
0
>>> np.clip(np.int(b)*20,0,255)
255
```

clip では，第2引数が下限で，第3引数が上限である。変数が uint8 のまま
だと，そもそも負の値にならないので，3，5行目では，符号ありの整数に変換
して計算している。

2.3　領 域 の 抽 出

　長方形などの形で切り出すのではなく，画像の中から必要な部分（領域）を
抜き出すことを考えてみる。

```
>>> C=cv2.imread("coins-1466263_640.jpg")
>>> G=cv2.cvtColor(C, cv2.COLOR_BGR2GRAY)
>>> plt.imshow(G,cmap='gray')
<matplotlib.image.AxesImage object at 0x11734a4a8>
>>> plt.show()
```

画像 C は元々カラー画像であるが，グレイスケール画像 G に変換している。こ
のようなグレイスケール画像の場合，明るさに着目して領域を指定できる場合
がある。マウスを使って画素の値を確認すると，背景部分は 100 以下の値であ
ると推測できる。

　〔**1**〕　**バイナリマスク**　　画像を 0 と 1 の二つの値しか持たない画像に変
換することを 2 値化と呼ぶ。2 値化した画像の 0 または 1 の画素を抽出しない
画素とし，その部分を隠すようにして領域を指定するものを**バイナリマスク**と
呼ぶ。Python では，画像と同じ大きさの 2 次元配列を用意し，抽出したい画
素を 1，抽出したくない画素を 0 とするバイナリマスクが使いやすい。グレイ
スケール画像で明るさに基づいて**マスク**を作成し，そのマスクを元のカラー画
像に適用することでコインの部分を抽出する**プログラム 2-2** をつぎに示す。

──── **プログラム 2-2**（バイナリマスクによる領域の抽出）────

```
1   >>> C2=cv2.cvtColor(C, cv2.COLOR_BGR2RGB)
```

28   2. 簡単な画像処理

```
2   >>> BW=np.zeros(G.shape)
3   >>> BW[G>100]=1
4   >>> R=C2.copy()
5   >>> R[BW==0]=0
6   >>> plt.imshow(R)
7   <matplotlib.image.AxesImage object at 0x11ebbeb38>
8   >>> plt.show()
```

　2 行目で対象となる画像と同じサイズの 2 次元配列を すべての要素が 0 にな
るように作成している。3 行目は NumPy の**論理インデクス**という行列の要素
へのアクセス方法を利用している。つぎのサンプルで論理インデクスについて
説明する（元画像はサポートサイトでダウンロード可能）。

```
 1   >>> A=np.arange(1,6)
 2   >>> A
 3   array([1, 2, 3, 4, 5])
 4   >>> I=A%2==1
 5   >>> I
 6   array([ True, False, True, False, True], dtype=bool)
 7   >>> A[I]
 8   array([1, 3, 5])
 9   >>> A[I]=0
10   >>> A
11   array([0, 2, 0, 4, 0])
```

　まず，1 行目で配列 A を作成している。NumPy では，配列に対し，なんらか
の判断をするとその判断結果の配列を得られる。4 行目では，2 で割った余りが
1 になる，つまり奇数であるかどうかを判断している。その結果，奇数である
要素が 1（真，True）であり，残りは 0（偽，False）である配列 I が得られる。
7 行目のように，この I を A のインデクスとして用いると真の部分の値，つま
り奇数だけを取り出せる。また，この記法は，9 行目のように式の左辺にも使
うことができる。式の左辺に使った場合には，真の要素つまり奇数にだけ 0 が
代入される。

　つまり，プログラム 2-2 の 5 行目では，C2 をコピーした R という画像に対
し，バイナリマスク BW の値が 0 である画素に 0 を代入している（R，G，B

すべてに対して）。これにより，抽出したくない部分（背景）を黒くしてコイン
の領域を抽出している。この抽出の判断に用いた値を**しきい値**と呼ぶ。このし
きい値では，背景の明るい部分も抽出されている。逆に，コインの模様の影の
部分は背景に誤って抽出されていない。

〔**2**〕 **色に関するしきい値を用いた抽出**　　色に関するしきい値による抽出
例を**プログラム 2-3** に示す。

――――― **プログラム 2-3**（色に関するしきい値を用いた領域の抽出）―――――

```
1   >>> C=cv2.imread("paprika-966290_640.jpg")
2   >>> C=cv2.cvtColor(C,cv2.COLOR_BGR2RGB)
3   >>> plt.imshow(C)
4   <matplotlib.image.AxesImage object at 0x113cb30f0>
5   >>> plt.show()
6   >>> BW=np.zeros((C.shape[0],C.shape[1]))
7   >>> BW[np.logical_and(np.logical_and(np.logical_and(C[:,:,0]>150, \
8   C[:,:,0]<240),np.logical_and(C[:,:,1]>80,C[:,:,1]<220)),C[:,:,2]<40)]=1
9   >>> R=C.copy()
10  >>> R[BW==0]=0
11  >>> plt.imshow(R)
12  <matplotlib.image.AxesImage object at 0x10c277390>
13  >>> plt.show()
```

　このプログラムでは，黄色いパプリカを抽出している。7 行目で抽出する条
件を判断している。ここでは，ある画素の値を (r, g, b) としたときに，式 (2.2)
を同時に満たした場合は黄色いパプリカであると判断している。

$$150 < r < 240, \quad 80 < g < 220, \quad b < 40 \tag{2.2}$$

結果を見ると，黄色いパプリカがおおむねうまく抽出できていることがわかる
（**図 2.4**）。

　画素はたくさんあるため調べるのに手間がかかる。手間を省く方法としては，
同じ色の領域を指定して，その領域の画素の値の範囲を調べる方法がある。

　例えば，**プログラム 2-4** のように黄色いパプリカの部分として C[232:352,
418:553] を切り出したとする。この部分の各画素の最大（最小）値をしきい値
に設定する方法を説明する。NumPy には配列の最大値を求める関数 max と最
小値を求める関数 min がある。

(a) 元の画像

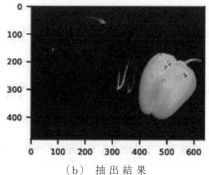

(b) 抽出結果

図 2.4 抽 出 例

```
─────────── プログラム 2-4（各バンドの最大（最小）値）───────────
>>> Y=C[232:352,418:553]
>>> np.max(np.max(Y,1),0)
array([242, 219,  11], dtype=uint8)
>>> np.min(np.min(Y,1),0)
array([198, 139,   0], dtype=uint8)
```

この結果から，式 (2.3) の条件が求まる．

$$197 < r < 243, \quad 138 < g < 220, \quad b < 12 \tag{2.3}$$

この条件で抽出した結果を図 **2.5** に示す．プログラム 2-3 より余分な領域が抽出されていないことがわかる．

`max, min` は多次元配列に対して利用できる．

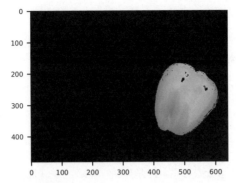

図 2.5　参照領域から決定したしきい値に基づく抽出例

```
>>> A=np.random.randint(1,10,(3,4))
>>> A
array([[2, 2, 4, 6],
       [4, 8, 6, 7],
       [4, 2, 4, 9]])
>>> np.max(A)
9
```

randint は整数の乱数を生成する関数である。この例の場合は，10 以下の整数の乱数からなる 3 × 4 行列を生成している（乱数なので，試すたびに値は変わることに注意）。

また max は多次元配列の各次元の最大値を個別に求めることもできる。2 次元配列の行・列ごとの最大値を求めるにはつぎのようにする。

```
>>> np.max(A,0)
array([4, 8, 6, 9])
>>> np.max(A,1)
array([6, 8, 9])
```

第 2 引数に 0 を指定した場合は，0 は縦の方向なので，列ごとの最大値からなる 1 次元配列が返される。第 2 引数に 1 を指定した場合は，1 は横の方向なので，行ごとの最大値からなる 1 次元配列が返される。

つまり，プログラム 2-4 では，まず，各バンドの行方向の最大（最小）値を

求めている。すると，バンドごとに列の数 (135) だけ最大（最小）値が求まり，135 行×3 列の 2 次元配列となる。それに対し，列方向（つまり，バンドごと）に最大（最小）値を求めると，得られるのは，バンドごとの最大（最小）値，つまり三つの値である。

章 末 問 題

【1】 高さ，幅が 100 となる黒い正方形のグレイスケール画像を生成せよ。
【2】 高さ，幅が 100 となる赤い正方形のカラー画像を生成せよ。
【3】 2 色の正方形を交互に配置した模様を市松模様と呼ぶ（図 2.6）。縦，横に五つずつの正方形からなる白黒の市松模様をグレイスケール画像として生成せよ。市松模様のサイズは，高さ，幅が 250 となるようにせよ。

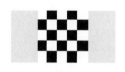

図 2.6 市 松 模 様

【4】 【3】と同じサイズの青と赤の市松模様をカラー画像として生成せよ。
【5】 【3】と同じサイズのシアンとマゼンタの市松模様をカラー画像として生成せよ。
【6】 自分の好みの色の適当な模様を生成せよ。
【7】 適当な画像を混合比 (0.2, 0.8)，(0.5, 0.5)，(0.7, 0.3) で混合した画像を作成せよ。
【8】 同じフレームレート，同じサイズのビデオ V1, V2 をなめらかにつなぐ方法を考える。サポートサイトの映像では，例えば 342960254.m4v と 343025947.m4v は同じフレームレート，同じサイズ（高さ：h，幅：w）である。V1, V2 は映像の 4 次元配列であるとする。

ここでは，V1 の最後の N フレームの画像と V2 の最初の N フレームの画像を徐々に混合比を変化させて混合することでなめらかにつないだ 4 次元配列を Vmix とする。プログラム 2-5 を元にこのようなプログラムを作成せよ。

```
Vmix=np.zeros((h,w,3,V1.shape[3]+V2.shape[3]-N),np.uint8)
Vmix[:,:,:,:V1.shape[3]-N]=V1[:,:,:,:V1.shape[3]-N]
Vmix(:,:,:,V1.shape[3]:]=V2[:,:,:,N:]
for k in np.arange(N):
    Vmix[:,:,:,V1.shape[3]-N+k]=np.uint8(V1[:,:,:,k-N]*_____
```

章　末　問　題　　*33*

```
        + V2[_____]*_____)
cis.implay(Vmix)
```

【 9 】　人間の顔が写っている適当な画像を探し，肌色の領域を抽出せよ．

【10】　固定カメラで撮影したビデオは，近傍の 2 フレームの差分を用いてバイナリマスクを作成することで変化する領域（移動する物体）を抽出することができる．ここでは連続するフレームを利用する場合を考える．k 番目のフレームの画像に対するバイナリマスクは，k 番目のフレームの画像と $k-1$ 番目のフレームの画像の差分を用いて推定されるバイナリマスクと，k 番目のフレームの画像と $k+1$ 番目のフレームの画像の差分を用いて推定されるバイナリマスクの画素ごとの論理積で推定できる．

　　636795321.m4v からフレームごとにバイナリマスクを推定し，そのマスクを用いて抽出した領域からなるビデオを作成せよ．

3 音声のフーリエ変換

フーリエ変換を使うと，簡単に信号の周波数分析ができる。本章では，フーリエ変換とその結果得られるスペクトルの処理を試す。

―――――――――― 利用するパッケージ ――――――――――

```
import numpy as np
import matplotlib.pyplot as plt
import scipy.fftpack as sfft
import matplotlib.mlab as mlab
import scipy.signal as ss
import cis
```

キーワード フーリエ変換，スペクトル，ナイキスト周波数，位相，周波数分解能，スペクトログラム，逆フーリエ変換

3.1 フーリエ変換

正弦波を重ね合わせるといろいろな音色の音を作れた。逆に，音をいくつかの正弦波に分解することもできる。それを可能にする技術として**フーリエ変換**がある。本書で扱うディジタル信号に対しては，**離散フーリエ変換**という技術がある。Python では，fft という関数で計算できる。さっそく**プログラム 3-1**において fft を試してみる。

―――――――――― プログラム 3-1（fft を用いたスペクトルの推定）――――――――――

```
1  >>> fs=100
2  >>> t=np.arange(0,7,1/fs)
3  >>> y=np.sin(2*np.pi*15*t)+np.cos(2*np.pi*40*t)
```

```
4  >>> cs=sfft.fft(y[:600])
5  >>> plt.plot(np.abs(cs))
6  [<matplotlib.lines.Line2D object at 0x110797ef0>]
7  >>> plt.show()
```

この例では，4行目で信号 y に対する 600 点の離散フーリエ変換を **FFT**（高速フーリエ変換）で計算し，5 行目の abs で絶対値をとっている。このスクリプトを実行すると，図 **3.1** のようなグラフが表示される。

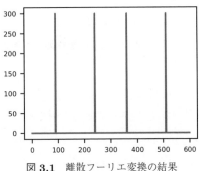

図 **3.1** 離散フーリエ変換の結果

● スペクトル　　フーリエ変換の結果，**スペクトル**が得られる。このグラフは，その絶対値をとったものであり，**振幅スペクトル**と呼ぶ。FFT を用いて解析した振幅スペクトルは，図 3.1 を見てもわかるようにグラフの中央を中心とした線対称になる。中心のあたりの値を確認してみる。

```
>>> cs.shape
(600,)
>>> np.abs(cs[297:304])
array([  1.93891049e-13,   9.61071657e-14,   3.04401349e-13,
         1.29729560e-13,   3.04401349e-13,   9.61071657e-14,
         1.93891049e-13])
```

このように，abs(cs) は，600 個のデータからなるベクトルであり，300 番（1.29e-13 のところ）を中心に線対称である。スペクトルは，信号の**周波数成分**の大きさを表す。このグラフでは，全部で四つの山が観測される。振幅スペクトルでは右半分と左半分の情報は同じなので，一般には左半分だけが使われ

36   3. 音声のフーリエ変換

る。左半分には，二つの山がある。これらは y には二つの周波数成分があることを示し，その山の高さで成分の大きさを，山のピークの位置でその成分の周波数を表す。

ところで，1章では，コンピュータの中で音は離散的に表されることを述べた。本書では詳しくは述べないが，連続的なデータを離散的に表すためには，データの成分はサンプリング周波数の 1/2 未満でなければならない。この上限の周波数を**ナイキスト周波数**と呼ぶ。プログラム 3-1 のサンプリング周波数は 100 Hz なので，ナイキスト周波数は 50 Hz となる。

スペクトルの左側では，ナイキスト周波数未満の周波数を表す。つまり，プログラム 3-1 のスペクトルでは，cs[0] から cs[300] までの 300 個の間隔で 50 Hz を表す。つまり，cs[1] は 50/300 = 1/6 Hz の成分を表し，cs[6] は 50/300 × 6 = 1 Hz を表す。したがって，図の中で山のピークの位置がわかれば，信号に含まれる成分がわかる。また，フーリエ変換の点数が変わると，分解できる周波数の細かさが変わることがわかる。分解できる周波数の細かさを**周波数分解能**と呼ぶ。前述の計算方法から，フーリエ変換の点数が多いほど周波数分解能が向上することがわかる。なお，ここでは FFT の長さは説明の都合で 600 としている。しかし一般には，FFT のアルゴリズムの特性から FFT の長さは 2 のべき乗のときに効率がよいので，2 のベキ乗が用いられる。

どの位置にピークがあるかを調べるには，プロットを拡大する方法や，山の周辺だけをプロットしてみる方法などがある。しかし，図から観測するのではなく，プログラミングでも山のある場所を調べることができる。

NumPy では，多次元配列の中で，条件を満たす要素を簡単に取り出せる。この機能を活用すると，簡単に調べられる。また，NumPy では，論理インデクスを利用すると配列（ベクトルや行列）の中で条件を満たす要素の値に簡単にアクセスできることを 2.3 節で説明した。値を出力するのではなく，条件を満たすインデクスの番号を調べるときには，nonzero というメソッドを利用する。

プログラム 3-1 の続きで，この nonzero を使ってつぎのようにすれば，山の位置がわかる。

```
>>> (np.abs(cs)>250).nonzero()
(array([ 90, 240, 360, 510]),)
```

つまり，90 番と 240 番の周波数の成分があることがわかる。90 番は $90 \times 50/300 = 15\,\mathrm{Hz}$，240 番は $240 \times 50/300 = 40\,\mathrm{Hz}$ を表す。それぞれプログラム 3-1 の 3 行目の sin，cos の周波数に対応している。このように，フーリエ変換でわかる信号の成分とは，正弦波の重み付き和に分解したときの成分である。

ところで，cos 関数の一般形は，式 (3.1) のように書く。

$$y = A\cos(2\pi ft + \phi) \tag{3.1}$$

この ϕ のことを**位相**と呼ぶ。

フーリエ変換の結果は，じつは複素数である。

```
>>> cs[90]
(-7.9722894952283241e-12-300.00000000000023j)
>>> cs[240]
(300.0000000000008-6.5512040237081237e-12j)
```

この結果は cs[90] が，$-7.97 \times 10^{-12} - 300j$ つまり，$300j$（j は虚数単位）であることを表していて，cs[240] が 300 であることを表している。

ϕ は，**複素平面**（位相平面）での角度（**位相角/偏角**）である。この位相角を求める関数が angle である。

```
>>> np.angle(cs[np.array([90,240])])
array([ -1.57079633e+00,  -2.18373467e-14])
>>> np.angle(cs[np.array([90,240])])/np.pi
array([ -5.00000000e-01,  -6.95104336e-15])
```

cs[90] の位相は $-1.5708 = -\pi/2$ で，cs[240] の位相は 0 であることがわかる。つまり，フーリエ変換の結果を利用すると，プログラム 3-1 の y の成分は，$\cos(2\pi 15t - \pi/2)$ と $\cos(2\pi 40t)$ であることがわかる。

3.2 窓 関 数

フーリエ変換は信号を正弦波に分解できると書いたが，じつはその説明では不十分である。厳密には，**周期性**の信号でないと正弦波には分解できない。離散フーリエ変換では，フーリエ変換する範囲を有限としているが，その範囲の外側では，範囲の中と同じ変化が繰り返されていると仮定している。つまり，プログラム 3-1 の場合，y[0] から y[599] までの範囲での変化が，y[600] から先も続くとしている。実際，15 Hz と 40 Hz の正弦波は y[n] と y[n+600] が同じ値となるので問題ない。

しかし，つぎのような場合は問題が生じる（y はプログラム 3-1 で作成したもの）。

```
>>> plt.plot(np.abs(sfft.fft(y[0:599])))
[<matplotlib.lines.Line2D object at 0x111e5fda0>]
>>> plt.show()
>>> plt.plot(np.abs(sfft.fft(y[0:601])))
[<matplotlib.lines.Line2D object at 0x1123852e8>]
>>> plt.show()
```

図 **3.2** は，1 行目の出力である。FFT の長さが 600 点ではないのでフーリエ変換する範囲の外側での周期性が若干崩れる。そのため，y の成分に対応したインデックスだけでなく，その周辺の値も 0 より大きくなってしまっている。グ

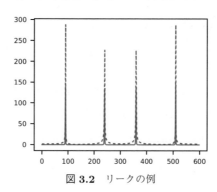

図 **3.2** リークの例

ラフでは図 3.2 のピークのふもとが太くなっていることに現れる。このような現象をリーク（leak，漏れ）と呼ぶ。要するに，実際に含まれている成分が，真の値より小さく推定される一方で，実際には含まれていない成分が少し含まれるという分析結果になってしまっている。

　信号に含まれている成分の周期があらかじめわかっているのであれば，FFTの点数は，周期に合わせた点数にすればよい。しかし，FFT は，信号にどのような成分が含まれているかわからないときに，それを知りたくて用いることが多い。そのような場合は，ちょうどよい点数で FFT を掛けることは不可能に近い。

　この問題に対処するため，実際の信号を FFT で分析するときには，**窓関数**を利用することが多い。窓関数を使うことで，FFT を掛ける信号の両端の変位（値）をなるべく 0 に近い値にし，擬似的に周期性を担保する。

　窓関数の例として**ハン窓（ハニング窓）**を見てみる。

```
>>> w=np.hanning(600)
>>> plt.plot(w)
[<matplotlib.lines.Line2D object at 0x1128a76d8>]
>>> plt.show()
```

ハン窓を生成する関数 hanning の引数は窓の長さを与える。プロットを見ればわかるように，中央部分は 1 で裾に向かってゆるやかに 0 になるように変化する。信号に窓関数を掛けるというのは，窓関数で振幅変調を行うことである。

　窓関数を用いることで，リークが減ることを**プログラム 3-2** で確認する。

――――――――――― プログラム 3-2 （ハン窓の効果）―――――――――――

```
1  >>> hy=y[:599]*np.hanning(599)
2  >>> plt.plot(hy)
3  [<matplotlib.lines.Line2D object at 0x11068ca20>]
4  >>> plt.show()
5  >>> hcs=sfft.fft(hy)
6  >>> plt.plot(np.abs(hcs))
7  [<matplotlib.lines.Line2D object at 0x111e63278>]
8  >>> lcs=sfft.fft(y[:599])
9  >>> plt.plot(np.abs(lcs),':')
```

```
10  [<matplotlib.lines.Line2D object at 0x111e63ba8>]
11  >>> plt.show()
```

11行目のshowを実行した後には，図3.3のようなグラフが表示される。この例では，showを実行する前に6，9行目と2回plotしているので重ねてプロットされる。9行目のplot関数の第2引数の「:」は，点線でプロットすることを示す。

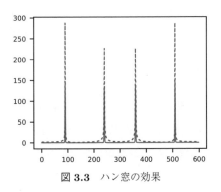

図 3.3　ハン窓の効果

このグラフを見ると，例えば，横軸の90あたりの成分のふもとでは，点線のグラフの方が広がっていることがわかる。つまり，プログラム3-2の4行目でプロットしたグラフでは，リークが軽減されていることがわかる。その部分のふもとあたりを拡大すると，その様子がはっきりと確認できる（図 3.4）。

山の部分の先端の方を拡大すると，図 3.5のように窓を掛けていない点線のグラフの方が高いことがわかる。

つまり，窓関数を掛けるとリークが軽減される代わりに，ピークの頂点が低

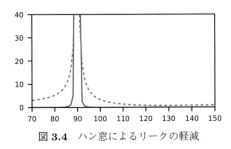

図 3.4　ハン窓によるリークの軽減

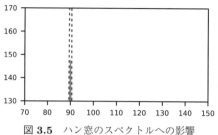

図 3.5 ハン窓のスペクトルへの影響

くなることがわかる。

3.3 音声のフレーム処理

　フーリエ変換では対象となる信号は周期的であると仮定している。したがって，対象の信号の周期性や性質によって FFT の長さを適切に選ばなければならない。例えば，120 bpm（1 分間に 4 分音符が 120 回演奏される速さのこと）のメロディの 4 分音符の部分の成分を分析したい場合であれば，その音符内では，ずっと全く同じ性質であったとしても $60/120 = 0.5\,\mathrm{s}$ なので，500 ms 以内の長さで分析しなければならない。

　不適切な範囲で分析してしまうと，意図しない結果が得られる。

```
>>> y,fs=cis.wavread('domiso.wav')
>>> plt.plot(np.abs(sfft.fft(y)))
[<matplotlib.lines.Line2D object at 0x117e6a320>]
>>> plt.show()
```

表示されたグラフの成分のあるあたりを拡大すると，図 3.6 のようになる。

　domiso.wav は，それぞれ正弦波からなる「ド」「ミ」「ソ」の三つの音が連

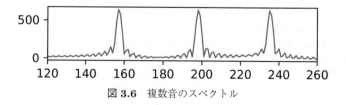

図 3.6 複数音のスペクトル

42   3. 音声のフーリエ変換

結されたフレーズである。それらの全体でフーリエ変換してしまうと，三つの
成分を持つ音のようなスペクトルになってしまう。

また，FFT が，分析対象となる区間につねにぴったり合うとは限らない。例
えば，上記の domiso.wav に対し，「ミ」の音の部分を観察しようとして，波形
から適当な範囲を指定した例を示す。

```
>>> plt.plot(np.abs(sfft.fft(y[1300:1812]*np.hanning(512))))
[<matplotlib.lines.Line2D object at 0x117fa81d0>]
>>> plt.show()
```

この範囲では，「ド」の部分も含まれてしまっているので，このグラフの成分
のあるあたりを拡大すると二つの成分が観察できるだろう。また，実際の音声
データ，例えば，「おんせい」という単語の発声データでは，「お」「ん」「せ」「い」
というそれぞれの音は，長さは違うし，どこからどこまでがどの音なのかもじ
つははっきりしない。このような対象に対しては，短い区間を少しずつずらし
ながら分析することが一般的である。

　長いデータを少しずつの区分に分割して処理するとき，この区分のことをフ
レームなどと呼ぶ。Python には，1 次元のデータを固定長（同じ長さ）のフ
レームに分割し，窓関数を掛けて FFT 処理してスペクトルをまとめて処理す
る関数が用意されている。specgram である。

　プログラム 3-3 の S は 256 行 36 列の行列となる。例えば，この 1 列目は
y の最初の 256 点にハン窓を掛けて FFT した結果が含まれている。specgram
の第 2 引数以降は，Fs はサンプリング周波数，NFFT は FFT の長さ，window
はフレームに掛ける窓関数，noverlap はずらすときに重なるデータ点数であ
る。また，mode はこの場合複素数の係数を求めることを指定している。

─────── プログラム 3-3 ───────
```
>>> S,F,T=mlab.specgram(y,Fs=fs,NFFT=256,window=np.hanning(256),
... noverlap=128,mode='complex',sides='twosided')
>>> S.shape
(256, 36)
```

ここでは紙面の都合で1行目の途中で改行している。2行目の冒頭の「...」は行の入力が継続していることを示すプロンプトである。したがって入力する必要はない。

フレーム処理して求めたスペクトルをまとめて可視化する関数も用意されている。

```
>>> _,_,_,_=plt.specgram(y,Fs=fs,NFFT=256,window=np.hanning(256),
... noverlap=128)
>>> _=plt.xlabel('Time (s)')
>>> _=plt.ylabel('Frequency (Hz)')
>>> plt.show()
```

名称は同じ specgram であるが，プログラム3-3とは別のパッケージ matplolib.pyplot のものである。図 3.7 では，横軸が時間で縦軸が周波数である。

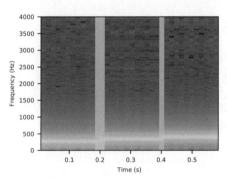

図 3.7 スペクトログラム

明るい部分が強い周波数成分を表す。このような可視化の方法およびその図を**スペクトログラム**と呼ぶ。スペクトログラムでは，周波数成分の時間変化が見られる。

同じデータに対し，ずらし幅はそのままでFFTの長さを増やしてみる。

```
>>> plt.figure(1); P,F,T,im=plt.specgram(y,Fs=fs,NFFT=256,
... window=np.hanning(256),noverlap=128)
<matplotlib.figure.Figure object at 0x1020ee9e8>
>>> plt.figure(2); P,F,T,im=plt.specgram(y,Fs=fs,NFFT=512,
... window=np.hanning(512),noverlap=128)
```

```
<matplotlib.figure.Figure object at 0x1094c22e8>
>>> plt.show()
```

figure は図を出力するウィンドウを指定する関数である。引数はウィンドウ
の番号である。なにも指定しない場合は，figure(1) と指定するのと同じにな
る。figure 関数を利用すると同時に複数の図を表示できる。ただし，環境に
よっては，重なって表示されるので注意が必要である。

Figure 2 という名称のウィンドウの方が，音の接続部分のにじみの幅が広く
なっている。しかし，周波数成分の幅は細い。つまり，FFT の長さが長いと周
波数解像度は高くなるが，**時間解像度**は低くなることがわかる。

3.4　逆フーリエ変換

フーリエ変換は**時間領域**の信号を**周波数領域**に変換する。その逆に，周波数
領域の信号を時間領域に変換するのが**逆フーリエ変換**である。Python では fft
の逆は ifft である。

スペクトログラムとして求められたフレームごとのスペクトルから ifft で
時間波形を復元できる。

```
1  >>> S09=S[:,9]
2  >>> plt.plot(np.abs(S09))
3  [<matplotlib.lines.Line2D object at 0x116c41ef0>]
4  >>> plt.show()
5  >>> plt.plot(np.real(sfft.ifft(sfft.fftshift(S09))))
6  [<matplotlib.lines.Line2D object at 0x116cd1588>]
7  >>> plt.show()
```

1 行目で行を取り出し，2 行目でこの行のスペクトルを描画している。5 行目で
ifft を用いて復元している。窓関数が掛かった状態が復元されていることが
わかる。

mlab.specgram で求めたスペクトルは，プログラム 3-1 などで求めたスペ
クトルとは異なり，グラフの中央が**直流成分**となる。このスペクトルの順番を

ずらしてプログラム 3-1 と同じにする関数が fftshift である。

　ずらし幅を意識しながら，復元したフレームを足し合わせると，完全に同一にはならないが時間波形を復元できる（**プログラム 3-4**）。

プログラム 3-4（フレーム表現の複素スペクトルからの時間波形の復元）

```
1   >>> y,fs=cis.wavread('domiso.wav')
2   >>> fftlen=256
3   >>> noverlap=128
4   >>> S,_,_=mlab.specgram(y,Fs=fs,NFFT=fftlen,window=np.hanning(fftlen),
5   ... noverlap=noverlap,mode='complex',sides='twosided')
6   >>> slen=S.shape[1]
7   >>> S=sfft.fftshift(S,axes=0)
8   >>> ry=np.zeros(slen*fftlen-(slen-1)*noverlap)
9   >>> k1=0
10  >>> for k in range(0,slen):
11  ...     ry[k1:k1+fftlen]=ry[k1:k1+fftlen]+np.real(sfft.ifft(S[:,k]))
12  ...     k1=k1+noverlap
13  ...
14  >>> plt.plot(ry)
15  [<matplotlib.lines.Line2D object at 0x110b346d8>]
16  >>> plt.show()
17  >>> cis.audioplay(ry,fs)
18  >>> cis.audioplay(y,fs)
```

4 行目の「_」は，（返り）値を使用しないことを意味する。ifft は直流成分が端にあることを想定しているので，7 行目で一括して fftshift でスペクトルをずらしている。axes 引数を 0 と指定することで，列方向，つまり周波数方向にずらしている。8 行目の ry は，復元される時間波形を格納するベクトルをあらかじめ作成している。10 行目のループでは，重ねながらずらす処理に対応する処理を行っている。11 行目は for ループのブロック内なので，プロンプト「...」の後はタブなどで字下げしなければならない。正しく実行できればほとんど同じ音が再生される。

章 末 問 題

【1】　プログラム 3-1 のスペクトルの左半分（300 点まで）を横軸が周波数（単位は

46   3. 音声のフーリエ変換

〔Hz〕）となるようにプロットせよ。

【2】 (1) 周期性がありそうな音を録音し，その音を Python に取り込め。取り込んだらプロットして波形を観察せよ。また，周期性がありそうなところを周期性が確認できるような範囲でプロットせよ（横軸の単位は時間になるように工夫せよ）。そこから周期を読み取り，基本周波数を推定せよ。

(2) また，その部分のスペクトルを求めてプロットし，スペクトルから基本周波数を推定せよ。

【3】 振幅スペクトルの対数をとったものを対数振幅スペクトルと呼ぶ。対数振幅スペクトルのピークから基本周波数を求めるスクリプトを**プログラム 3-5** の空欄を適宜埋めて完成させよ。

――――― プログラム 3-5 ―――――

```
1 >>> ____,fs=cis.wavread('a-.wav')
2 >>> plt.plot(y)
3 [<matplotlib.lines.Line2D object at 0x11b986eb8>]
4 >>> plt.show()
5 >>> fftsize=_____; # 周波数分解能が 10Hz 前後になるようにする
6 >>> sp=np.___(np.___(sfft.fft(y[2000:____]*np.hanning(____))))
7          # 2000 点目から切り出して対数振幅スペクトルを求める
8 >>> plt.plot(np._____,sp[_____])
9 >>> plt.show()
10 >>> pks = ss.argrelmax(sp,order=_____)
11          # order は極大値どうしが何点離れているかを指定する
12          # この問題の場合は想定する音の高さから判断できる
13          # 最も低い人間の声は 80Hz だとして order を指定せよ
14 >>> pkloc = (pks[0])[(sp[pks]>0).nonzero()[0]]
15          # pks は argrelmax の仕様で tuple になっているので
16          # 必要な第 1 成分に関して処理する
17          # nonzero() の返り値も同様
18 >>> nharm=10 # 第 10 倍音まで利用して基本周波数を推定する
19 >>> np.mean(np.diff(pkloc[0:nharm]))*_____
```

10 行目の `argrelmax` は相対的な極大値の要素のインデクスを返す関数である。`order` 引数は，両側 `order` 個の範囲で極大値を探すことを指定する。19 行目の `mean` は数列の平均を計算する。

8 行目の `plot` で表示されるグラフは**図 3.8** の通り。

19 行目が正しく実行されると **135.4167** と出力される。プログラムが完成したら，別の周期性のある音を処理してみよ。

章　末　問　題

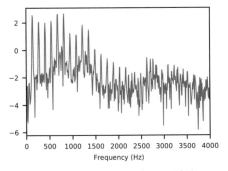

図 3.8　スペクトルのプロット結果

【4】 プログラム 3-2 の窓関数を別の窓関数に変えてハン窓の場合と比較して考察せよ．

【5】 (1)　一つの母音を録音し，適当な正弦波で振幅変調せよ．
(2)　その音の周期的な部分のスペクトルを求めてプロットせよ．また，振幅変調する前のスペクトルと比較して考察せよ．

【6】 適当な音声（単語か文を発声したもの），もしくは，楽器音（音楽でも構わないが，その場合は単独の楽器のみが使われているようなものがよい）のスペクトログラムを 2 種類以上の FFT の長さで表示し（ただし，ずらし幅は一定とする），比較して，FFT の長さと表示されるスペクトルの関係について考察せよ（FFT の長さは極端に長いものも試してみる方が考察しやすいだろう）．

【7】 domiso.wav のスペクトログラム（図 3.7）で，図を縦貫している二つの縦線の部分についてつぎの問に答えよ．
(1)　音声ファイルをじっくり聞いて，その部分がどのように聞こえるか．
(2)　この部分に対応する時間波形データの部分を拡大して，どのようになっているか示せ．

【8】 プログラム 3-4 の ry はなぜ y と長さが異なるのか説明せよ．

4 フィルタ（音声）

　本書で取り上げる技術の多くは信号処理である。その中でも最もよく使われる技術の一つがフィルタである。この章では，音声データに対するフィルタを解説する。

───────── 利用するパッケージ ─────────

```
import numpy as np
import matplotlib.pyplot as plt
import scipy.signal as ss
import scipy.fftpack as sfft
import cis
```

キーワード 線形システム，入力，出力，遅延，フィルタ，雑音，畳み込み，
インパルス，インパルス応答，周波数特性，漸化式，FIR，IIR

4.1 線形フィルタ

4.1.1 線形システム

　ディジタル信号処理の分野では，なんらかの**入力信号**を**出力信号**に変換するものを**システム**と呼ぶ。

　これまでに紹介した処理で，例えば x_1 という波と x_2 という波を足し合わせて y_1 という波を作成するという場合は，システムは「二つの入力を**加算する**」という変換を行う（x_1，x_2 が入力で，y_1 が出力）。この関係は式 (4.1) のように書く。

$$y_1 = x_1 + x_2 \tag{4.1}$$

4.1 線形フィルタ　　49

この入力信号，出力信号は，ディジタル信号処理ではディジタルデータ（離散データ）である。そのことを反映する場合には，式 (4.2) のように書くのが普通である。

$$y_1[n] = x_1[n] + x_2[n] \tag{4.2}$$

n はデータの添え字を表す。音声データの場合は，時刻と同じようなものだが，n と書くような場合は添え字が整数であることを意味することが多い。

別の例として，入力信号 x_3 を a 倍して y_2 を作成するという場合は，式 (4.3) のように書ける。

$$y_2[n] = ax_3[n] \tag{4.3}$$

システムの入力が x_i であり，出力が y_i であるとする。このとき，入出力の関係が式 (4.4) のように x_i，y_i に関する **1 次式**で表されるとする。

$$a_1 y_1 + a_2 y_2 = b_1 x_1 + b_2 x_2 \tag{4.4}$$

このように 1 次式で表されるシステムを**線形（線型）システム**と呼ぶ。

4.1.2　遅　延　演　算

線形システムの基本的な演算として，信号を**定数倍**する演算や，加算する演算を紹介してきた。もう一つの基本的な演算として**遅延**がある。遅延は，入力を単位時間の定数倍だけ遅らせる演算である（離散データにおいては，単位時間とは，**サンプリング周期**のことであり，添え字を一つ変化させることに対応する）。

遅延を式でどのように表すかを考えてみる。1 単位時間遅らせて出力信号とする場合は，時刻 n の入力が 時刻 $n+1$ の出力となるということである。入力信号を x，出力信号を y で表すと，式 (4.5) のようになる。

$$y[n+1] = x[n] \tag{4.5}$$

遅らせるだけだとあまり意味はないが，遅らせた信号を元の信号に足し合わ

50　　4. フィルタ（音声）

せるとさまざまな効果を得られる。**プログラム 4-1** は遅延演算をフィルタに用
いる例である。

―――――― **プログラム 4-1**（遅延演算を用いたフィルタリング）――――――

```
 1  >>> fs=8000
 2  >>> t=np.arange(0,1,1/fs)
 3  >>> s=np.sin(2*np.pi*800*t)+np.sin(2*np.pi*500*t)
 4  >>> cis.audioplay(s,fs)
 5  >>> rg=np.arange(0,100)
 6  >>> plt.subplot(3,1,1);plt.plot(s[rg])
 7  (<matplotlib.axes._subplots.AxesSubplot object at 0x11ba55b70>, [...
 8  >>> sd=np.roll(s,5)
 9  >>> plt.subplot(3,1,2);plt.plot(sd[rg])
10  (<matplotlib.axes._subplots.AxesSubplot object at 0x11bc34f98>, [...
11  >>> cis.audioplay(sd,fs)
12  >>> ssd=s+sd
13  >>> plt.subplot(3,1,3);plt.plot(ssd[rg])
14  (<matplotlib.axes._subplots.AxesSubplot object at 0x11bc8b860>, [...
15  >>> plt.show()
16  >>> cis.audioplay(ssd,fs)
```

このプログラムでは，3 行目で二つの周波数成分を持つ信号を作成している。
8 行目では，その信号を `roll` を使って遅らせている。ただし，`roll` はただ遅
らせるだけでなく，信号 s の長さを変化させない（詳しくは NumPy のヘルプ
機能 `np.info(np.roll)` 参照のこと）。12 行目では遅らせた信号を元の信号に
足している。6 行目などの `subplot` は複数のプロットを並べて描画する関数で
ある。この関数の引数はプロットのレイアウトを決めるものであるが，どのよ
うな使い方をするかは NumPy のヘルプ機能 `np.info(plt.subplot)` で調べ
て理解すること。

　図 4.1 を見ればわかるように，この例では，5 点遅らせて足し合わせること
で，二つの成分を含んでいた信号 s が正弦波のようになった。つまり，足し合
わせることで片方の成分が打ち消し合って除去された。

　このように遅延演算と加算，定数倍演算をうまく組み合わせると，ある成分
の除去や強調ができる。一般にはある成分を除去することが多いため，このよ
うな処理を（ディジタル）**フィルタ**と呼ぶ。

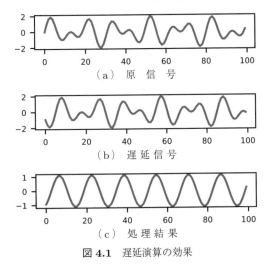

図 4.1 遅延演算の効果

4.1.3 移動平均フィルタ

画像処理や株価の計算など非常にさまざまな分野で利用されるフィルタに**移動平均フィルタ**と呼ばれるものがある。

入力の連続する 3 点の平均を出力とするフィルタを考えてみる。式 (4.6) のようになる。

$$y[n] = \frac{x[n] + x[n-1] + x[n-2]}{3} \tag{4.6}$$

このフィルタの効果を音を対象に調べてみる。まず，**雑音を作る**（**プログラム 4-2**）。

───── プログラム 4-2（白色雑音の生成）─────

```
1  >>> r=np.random.standard_normal(t.shape)
2  >>> r=0.8*r/np.max(np.abs(r))
3  >>> n=np.arange(0,100)
4  >>> plt.plot(t[n],r[n])
5  [<matplotlib.lines.Line2D object at 0x11bfb65f8>]
6  >>> plt.show()
7  >>> cis.audioplay(r,fs)
```

ここでは，**白色雑音**（**ホワイトノイズ**）と呼ばれる雑音を 1 秒間生成してい

52   4. フィルタ（音声）

る。信号処理では，雑音とは，ランダム性のある（周期性のない）信号である。
この例では正規分布に従った乱数列によって白色雑音を生成する。具体的には，
1 行目で random.standard_normal 関数を利用して**標準正規分布**に従った乱
数を生成している（どういうベクトルになっているかは，NumPy のヘルプ機
能 np.info(np.random.standard_normal) でわかる）。2 行目で，その乱数
を $(-0.8, 0.8)$ の変位に収まるようにしている。

プログラム **4-3** のように，この雑音 r を少しだけ正弦波に加えると雑音混じ
りの音が生成できる。

━━━━━━━ プログラム **4-3**（雑音混じりの正弦波の生成）━━━━━━━

```
1   >>> s=np.sin(2*np.pi*440*t)
2   >>> sn=0.8*s+0.25*r
3   >>> n=np.arange(0,100)
4   >>> plt.plot(t[n],sn[n],t[n],0.8*s[n])
5   [<matplotlib.lines.Line2D object at 0x11c99a0f0>, <matplotlib ...
6   >>> plt.show()
7   >>> cis.audioplay(sn,fs)
```

4 行目の plot 関数では，信号 sn と信号 s を重ねてプロットしている。信号
sn は信号 s が少し歪んだものであることがわかる。

この雑音混じりの正弦波を 3 点移動平均フィルタに掛けてみる。そうするた
めには，雑音混じりの信号 sn を入力にして出力を求めればよい。**プログラム
4-4** は for ループを使って求めるものである。

━━━━━━━ プログラム **4-4**（for ループを用いた 3 点移動平均フィルタ）━━━━━━━

```
1   >>> y=np.zeros(sn.shape)
2   >>> pn=3
3   >>> for k in np.arange(pn-1,t.shape[0]):
4   ...      y[k]=np.mean(sn[k-pn+1:k+1])
5   ...
6   >>> plt.plot(t[n],sn[n],t[n],y[n],t[n],0.8*s[n])
7   [<matplotlib.lines.Line2D object at 0x11cb4e4e0>, <matplotlib....
8   >>> plt.show()
9   >>> cis.audioplay(sn,fs) # 雑音混じりの音
10  >>> cis.audioplay(y,fs)  # フィルタの出力
11  >>> cis.audioplay(s,fs)  # 原信号
```

yを聞くと，信号 sn よりは雑音が軽減されていることがわかるだろう。このプログラムでは，4 行目でシステムの入力信号 sn の現時点 k に対し，k-(pn-1)，k-(pn-2)，…，k の pn 点のデータを平均した値をシステムの出力 y としている。つまり，信号 s や信号 sn から見ると y は，少し遅れたものになっている。

式 (4.6) を書き直すと式 (4.7) のようになる。

$$y[n] = \frac{1}{3}x[n] + \frac{1}{3}x[n-1] + \frac{1}{3}x[n-2] \tag{4.7}$$

この式は，入力に対する遅延演算と定数倍と加算だけで構成されていることがわかる。遅延演算は入力を遅らせるだけなので，いくつ遅らせるかがわかれば処理を同定できる。そこで，上記の演算を [1/3 1/3 1/3] と遅延の位置に定数倍の係数を与えて作成できるベクトルで表すことがある。この係数ベクトルを利用して簡単にフィルタを掛ける演算が用意されている。その演算が**畳み込み**（コンボリューション）である。Python では **convolve** 関数で計算できる。畳み込みを使ったプログラムが**プログラム 4-5** である。

――――― **プログラム 4-5**（畳み込みを用いたフィルタリング）―――――

```
1  >>> h=np.ones((3,))/3
2  >>> y2=np.convolve(h,sn)
3  >>> plt.plot(t[n],y2[n],t[n],y[n])
4  [<matplotlib.lines.Line2D object at 0x11d77a240>, <matplotlib....
5  >>> plt.show()
```

畳み込み演算を式で書くときには，「*」という記号を使って，$h * s_n$ のように書くことがある。

4.2　インパルス応答

システムの効果を示すために用いられるものに**インパルス応答**がある。応答とは，システムの入力に対して得られる反応（出力）のことである。**インパルス応答**とは，入力をインパルスとしたときの出力である。

つぎの式は**単位インパルス**を表す。

$$x[n] = \begin{cases} 1 & (n = 0) \\ 0 & (n > 0) \end{cases} \tag{4.8}$$

このように1点だけ値がある信号をインパルスという。1024点の長さを持つインパルスはPythonではつぎのように作る。

```
>>> imp=np.zeros((1024,))
>>> imp[0]=1
```

3点の移動平均フィルタのインパルス応答は，つぎのように求められる。

```
>>> h=np.ones((3,))/3
>>> h_imp=np.convolve(h,imp)
>>> plt.stem(h_imp[:100])
<Container object of 3 artists>
>>> plt.show()
```

インパルス応答のスペクトルのことをフィルタの**周波数応答**と呼ぶ（**周波数特性**ともいう）。

3点の移動平均フィルタの周波数応答を1024点のFFTで計算すると図**4.2**のようになる。横軸はナイキスト周波数が1となるように正規化した周波数である。一般に正規化周波数はサンプリング周波数を1として正規化するが，numpyではフィルタ関連の関数でナイキスト周波数を1として正規化した値で周波数を指定するので注意が必要である（章末問題【6】でこの図を作成する）。

このフィルタは低域は比較的変化がなく，正規化周波数0.67の周辺が弱くなる，つまり，高域を弱くするような効果があることがわかる。

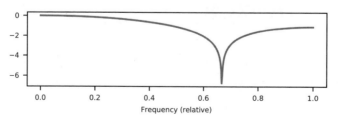

図**4.2** 3点の移動平均フィルタの周波数応答

時間領域の畳み込みは，周波数領域では乗算となる。つまり，x のスペクトルを X，s_n のスペクトルを S_n とすると，$x*s_n$ のスペクトルは $X \cdot S_n$ となる。

プログラム 4-6 の 4，5 行目のスペクトルをプロットすると**図 4.3**，**図 4.4** のようになる（ただし，雑音は生成するたびに値が変化するので，全く同じにはならない）。

───── プログラム 4-6（周波数領域でのフィルタリング）─────
```
1  >>> S_imp=sfft.fft(h_imp,1024)
2  >>> wn=np.random.standard_normal(S_imp.shape)
3  >>> wn=0.8*wn/np.max(np.abs(wn))
4  >>> WN=sfft.fft(wn)
5  >>> WN_filtered=WN*S_imp
```

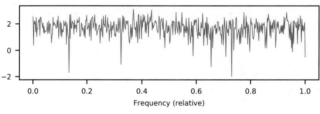

図 **4.3** 白色雑音のスペクトル

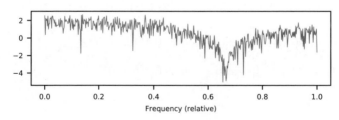

図 **4.4** フィルタを掛けた白色雑音のスペクトル

フィルタのスペクトルの形状に合わせて雑音のスペクトルの概形が変化して，高域が弱くなっているのがわかる。この処理は，プログラム 4-6 の 5 行目の * S_imp で実現している（詳しくは，5.3 節参照のこと）。

56   4. フィルタ（音声）

4.3　IIR フィルタ

　システムでは，出力をもう一度入力として利用することで効率よい処理を行えることがある。

$$y[n] = -0.5y[n-5] + x[n] \tag{4.9}$$

という式を考える。この式は

$$y[n] = -0.5x[n-5] + x[n] \tag{4.10}$$

と形は似ているが，得られる出力は全然違う。このことはインパルス応答を調べることで明らかになる。

　例えば，つぎの式で表される 10 点の単位インパルスに対し，式 (4.9) と式 (4.10) のインパルス応答を計算してみるとよい。

$$x[n] = \begin{cases} 1 & (n=0) \\ 0 & (1 \le n \le 10) \end{cases} \tag{4.11}$$

　インパルス応答は，**漸化式**に従って出力の値を計算すれば求まる。例えば，式 (4.11) を式 (4.9) に当てはめると，つぎのように値はいくらでも計算できる。

$$y[0] = -0.5y[-5] + x[0] = -0.5 \cdot 0 + 1 = 1$$
$$y[1] = -0.5y[-4] + x[1] = -0.5 \cdot 0 + 0 = 0$$
$$\vdots$$

　式 (4.9) のように出力を入力に用いることを**フィードバック**と呼ぶ。フィードバックがあるとインパルス応答は無限に続くため，このようなタイプのフィルタは **IIR**（infinite impulse response）フィルタと呼ばれる。一方で，4.1 節で取り上げたような フィードバックがないフィルタのインパルス応答は有限なので，**FIR**（finite impulse response）フィルタと呼ばれる。

IIR フィルタの係数はフィードバックを考慮しないといけないため，FIR フィルタの係数とは同様には表現できない。そこで，入力に関する項は右辺，出力に関する項は左辺にまとめる。例えば，式 (4.9) はつぎのように変形する。

$$y[n] + 0.5y[n-5] = x[n] \tag{4.12}$$

この両辺の係数を別々のベクトルとして表す。この場合は，左辺の係数は $[1 \quad 0 \quad 0 \quad 0 \quad 0 \quad 0.5]$ であり，右辺は $[1]$ である。**プログラム 4-7** において左辺を a，右辺を b で表すとする。この二つのベクトルを用いると，lfilter 関数でフィルタを入力に適用できる。

―――――――――――――― プログラム **4-7** ――――――――――――――
```
a=np.array([1,0,0,0,0,0.5])
b=np.array([1])
ir_iir = ss.lfilter(b,a,imp)
```

　FIR フィルタの場合にも，lfilter 関数を使える。FIR フィルタの場合は，漸化式の左辺は定数で割ることで $y[n] = \cdots$ と表現できるので，$a = 1$ とするのが普通である。

4.4　フィルタ設計のツール

　フィルタ係数をうまく設定することで，さまざまな効果を得ることができる。フィルタは，その効果により分類されている。最もよく用いられるフィルタとして，ある範囲の周波数（帯域と呼ぶ）を通さない効果を持つものがある。SciPy では，典型的なフィルタについては，求める効果から係数列を計算する関数が用意されている。

　例えば，ある周波数より高い周波数を通さないフィルタは**ローパスフィルタ**（**LPF**）と呼ばれる。サンプリング周波数が 8 kHz の信号に対し，2 kHz 以上の成分を通さない LPF のフィルタ係数は，firwin という関数を用いて**プログラム 4-8** のように計算できる。

58   4. フィルタ（音声）

─── プログラム 4-8（firwin を用いた LPF の設計）───
```
>>> h_lp2k=ss.firwin(41,0.5)
>>> plt.stem(h_lp2k)
<Container object of 3 artists>
>>> plt.show()
```

firwin の第 1 引数にはフィルタ係数の次数（点数），第 2 引数にはカットオフ周波数を正規化周波数で指定する。出力された係数は，かなり複雑であることがわかる。このフィルタをプログラム 4-3 の信号 sn に掛けるには，つぎのように lfilter 関数を使えばよい。

```
>>> snf=ss.lfilter(h_lp2k,1,sn)
```

LPF は IIR フィルタでも設計できる。

```
>>> b,a=ss.butter(11,0.5)
```

IIR フィルタは FIR フィルタより設計するのが複雑な面があるため，アナログフィルタの時代からさまざまな設計手法が用いられている。それらの設計手法はディジタルフィルタを設計するのにも用いられる。butter 関数は，それらの設計手法の一つであるバタワースフィルタを設計する関数である。引数は firwin と同様である。

章 末 問 題

【1】 プログラム 4-1 をプログラム 4-1 とは別の成分を除去するように改変せよ。

【2】 プログラム 4-2 の r はどのような周波数成分を持つか，スペクトルもしくはスペクトログラムをプロットして確認せよ。

【3】 np.convolve([1, 2], y) が [1, -1, -6] となる y を求めよ。

【4】 (1) さまざまな長さの移動平均フィルタを作成せよ。
　　 (2) それらの移動平均フィルタを用いてプログラム 4-3 で作成した sn に適用せよ。また適用した結果を audioplay 関数で聴取したり，スペクトルやスペクトログラムで観察し，移動平均フィルタの長さを長くすることでど

のような効果が得られるかを考察せよ。

【5】 1000 点のインパルスのスペクトルを求め，どのような特徴があるか述べよ。

【6】 3 点の移動平均フィルタの周波数応答をプロットせよ。

【7】 16 kHz のサンプリング周波数の音に対するフィルタとして，つぎのようなフィルタを考える。

$$y[n] = -0.5y[n - 1\,000] + x[n] \tag{4.13}$$

(1) このフィルタを Python で作成し，インパルス応答を計算せよ。

(2) 適当な音声に掛けてどのような効果が得られるかを確認せよ。また，なぜそのような効果が得られるかを考察せよ（ヒント：考察には，式(4.13)の 1000 の値をいろいろと変化させたり，その項の係数 0.5 の値を変化させるとよい）。

【8】 プログラム 4-3 で作成した sn の正弦波の成分を残すような LPF を設計せよ。また，その LPF を sn に掛けて，効果を確認せよ。

【9】 firwin を用いると簡単に **HPF**（ハイパスフィルタ：ある周波数より高い周波数を通すフィルタ）を設計できる。適当な HPF を設計し，その効果を示す Python スクリプトを作成せよ。また，適当な音に掛け，効果を示せ。

【10】 IIR フィルタでは，FIR フィルタでは実現が難しいノッチフィルタ（notch filter）の設計も可能である。

(1) ノッチフィルタとはどのようなフィルタかを調べ，iirnotch を用いて適当なノッチフィルタを設計せよ（使い方は NumPy のヘルプ機能 np.info(ss.iirnotch) で調べよ）。

(2) 実際の音に適用し，その効果を観察せよ（ノッチフィルタは，コンサート会場の音響処理において，フィードバック（ハウリング）を抑えるのに利用されたりする）。

5 画像の周波数領域処理

　周波数という概念は画像にも導入できる。この章では 2 次元フーリエ変換を用いて，画像の周波数の処理を説明する。

―――――――――― 利用するパッケージ ――――――――――

```
import numpy as np
import numpy.matlib as mlb
import matplotlib.pyplot as plt
import matplotlib.mlab as mlab
import scipy.fftpack as sfft
import cv2
import cis
```

キーワード　フーリエ変換，2 次元フーリエ変換，空間周波数，2 次元周波数，
空間スペクトル，LPF，HPF，周波数領域，エッジ

5.1　空間周波数

　図 5.1 を用いて画像の周波数について考えてみる。

```
>>> G=cv2.imread('building-1081868_640.jpg',0)
>>> plt.imshow(G,cmap='gray')
<matplotlib.image.AxesImage object at 0x10f95eb38>
>>> plt.show()
```

1 行目の imread の第 2 引数は 0 である。これは，グレイスケール画像として読み込むことを示す。

　この画像の $y = 250$ の横方向の画素値の変化を，縦軸を画素値，横軸を x 座

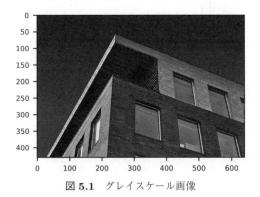

図 5.1 グレイスケール画像

標としてプロットすると図 **5.2** のようになる。

```
>>> plt.plot(G[250,:])
[<matplotlib.lines.Line2D object at 0x1146484a8>]
>>> plt.show()
```

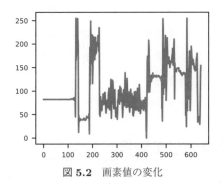

図 5.2 画素値の変化

　このグラフを見ると，空の部分（x が 0〜100 あたり）は，値の変化がほとんどない。建物の壁の表面の細かい模様は値が変化している（x が 190〜410 あたりで，明るい部分と暗い部分がある）。また，領域のへり（**エッジ**と呼ぶ）の部分では，画素値が急激に大きく変化する（例えば x が 140 や 186 のあたり）。

　この信号の**空間周波数スペクトル**は図 **5.3** のようになる。

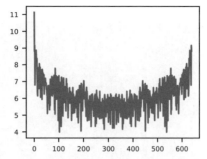

図 5.3　画像の横方向の 1 次元空間周波数スペクトル

```
>>> plt.plot(np.log(np.abs(sfft.fft(G[250,:]))))
[<matplotlib.lines.Line2D object at 0x11ba32710>]
>>> plt.show()
```

このグラフの横軸は周波数である．時間の変化ではなく，空間的な変化なので，**空間周波数**と呼ぶ．この例の場合，画像の横幅が 640 点なので，周期が 640 点の場合 1 となる．このスペクトルでは，**直流成分**（インデックス 0 の値）が一番大きくなっている．ここで処理した画素値は正の値しかとらないため，信号の平均値（平均的な明るさ）が直流成分となる．低い空間周波数は建物の形に関係し，高い空間周波数は建物の模様やエッジに関係する．このような側面から見ると，画像もフーリエ変換を用いてさまざまに処理できる．

5.2　2次元フーリエ変換

画像は 2 次元の信号なので，空間周波数は 2 次元となる．**図 5.4** の 2 次元の空間周波数は**プログラム 5-1** のように計算する．

図 5.4　垂直周波数を持つ画像

5.2 2次元フーリエ変換　　*63*

―――――― プログラム **5-1** （2次元のスペクトル） ――――――

```
 1  >>> h,w=64,64
 2  >>> x=np.array([np.arange(0,1,1/h)]).T
 3  >>> G=mlb.repmat(np.uint8(100*(np.sin(2*np.pi*5*x)+1)),1,w)
 4  >>> plt.subplot(311); plt.plot(x,G[:,0])
 5  <matplotlib.axes._subplots.AxesSubplot object at 0x11224e518>
 6  [<matplotlib.lines.Line2D object at 0x1126ca208>]
 7  >>> plt.subplot(312); plt.stem(np.abs(sfft.fft(G[:,0])))
 8  <matplotlib.axes._subplots.AxesSubplot object at 0x10202b518>
 9  <Container object of 3 artists>
10  >>> S=sfft.fft(G,axis=0)
11  >>> plt.subplot(313); plt.stem(np.abs(S[:,0]))
12  <matplotlib.axes._subplots.AxesSubplot object at 0x11234c9e8>
13  <Container object of 3 artists>
14  >>> plt.show()
15  >>> S2=sfft.fft(S,axis=1)
16  >>> cis.stem3(np.abs(S2))  # 実行に時間がかかる
```

　2行目の T は行列を転置する NumPy の配列のメソッドである。arange で作成される配列は1次元である。2行目では，その配列を [] で囲い，array 関数を用いることで，1行64列の2次元配列，つまり行ベクトルに変換している。さらに，T で列ベクトルに変換している。3行目で，その列ベクトルに基づいて，周波数5，振幅1の正弦波に1を足した信号を生成している。この信号の最大値は2で最小値は0である。さらに，この信号を100倍することで，最大値は200となる列ベクトルを生成している。列ベクトルを列方向に繰り返すことで 64 × 64 の2次元配列である図 5.4 を生成している。つまり，この画像は，すべての列は同じ内容となる2次元配列であり，正弦波の周期に合わせて明るさが変化する。7行目では列方向の要素が構成する正弦波のスペクトルを描画しており，縦方向に5周期となる成分が確認できる（全体を1秒と考えれば 5 Hz に対応する）。この正弦波の周期は 64/5 = 12.8 画素である。10行目は2次元配列に対して FFT を計算している。ここでは，axis 引数を0と指定している。これは，0番目の軸，つまり，列方向にフーリエ変換を行い，それを行方向全体に適用することを意味する。つまり，正弦波をフーリエ変換した結果が S の列ベクトルとして保存されている（11行目で，そのスペクトルを表示

している)。15 行目では，`axis` 引数を 1 と指定している。これは 1 番目の軸，つまり 2 次元配列の行方向にフーリエ変換を行い，それを列方向に繰り返すことを意味する。この画像の場合は，最初の列方向のフーリエ変換がすべての列で同一となるため，行方向には，値が一定なので直流成分しか存在しない。このように，(1 次元) FFT をまず縦に行い，つぎに横に FFT を行うことで 2 次元のスペクトルを求める。この処理を **2 次元フーリエ変換**と呼ぶ。

Python では，2 次元フーリエ変換は `fft2` を用いて計算する。

```
>>> Z2=sfft.fft2(G)
>>> cis.stem3(np.abs(Z2)) # 実行に時間がかかる
>>> cis.stem3(np.abs(sfft.fftshift(Z2))) # 実行に時間がかかる
```

プログラム 5-1 では，音声信号のときと同様に直流成分が端に位置するようにプロットした。しかし，画像の場合は，通常，直流成分が中央にくるようにプロットする。3 行目の `fftshift` を用いて直流成分が中央になるように位置をずらしている。

ただし，中央といっても，この場合はサイズが偶数なので，注意を要する。

```
>>> Z2shift=sfft.fftshift(Z2)
>>> plt.stem(np.abs(Z2shift[:,32]))
<Container object of 3 artists>
>>> plt.show()
```

このグラフ（サポートサイト fig05_064_03.pdf 参照）からもわかるように，`Z2shift[32,32]` が中心である。この要素は，この画像の直流成分を表す。

5.3　周波数領域でのフィルタ処理

時間領域のフィルタ処理は，周波数領域では掛け算となる。したがって，LPF などを，周波数領域の掛け算として実現できる。音声の周波数領域の LPF の例を**プログラム 5-2** に示す。

5.3 周波数領域でのフィルタ処理　　65

―――――― プログラム 5-2（周波数領域の 1 次元 LPF）――――――

```
1   fs=8000
2   t=np.arange(0,1,1/fs)
3   y=np.sin(2*np.pi*440*t)+np.sin(2*np.pi*660*t)
4   fftlen=256
5   noverlap=128
6   S,_,_=mlab.specgram(y,Fs=fs,NFFT=fftlen,window=np.hanning(fftlen),
7                       noverlap=noverlap,mode='complex',sides='twosided')
8   S=sfft.fftshift(S,axes=0)
9   slen=S.shape[1]
10  ry=np.zeros(slen*fftlen-(slen-1)*noverlap)
11  cutoff=500
12  cind=int(cutoff/(fs/fftlen))
13  F=np.ones((fftlen,1))
14  F[cind:-cind]=0
15  S=S*F
16  k1=0
17  for k in range(0,slen):
18      ry[k1:k1+fftlen]=ry[k1:k1+fftlen]+np.real(sfft.ifft(S[:,k]))
19      k1=k1+noverlap
```

　このプログラムの構造はプログラム 3-4 と同じなので，共通部分の解説はそ
ちらを参照されたい。このプログラムは，cutoff で指定された遮断周波数以
下の成分が残るように設計した LPF である。14 行目の F が周波数領域のフィ
ルタ係数で，そのまま通す周波数成分に対しては 1 を設定し，通さない成分に
対しては 0 を設定している。そのフィルタ係数を 15 行目で要素ごとの掛け算
「*」で適用している。

　画像データに対するフィルタも同様に実現できる。グレイスケール画像に対
する HPF の例をプログラム 5-3 に示す。

―――――― プログラム 5-3（画像の HPF 処理）――――――

```
1   G=cv2.imread('building-1081868_640.jpg',0)
2   h,w=G.shape
3   fftsize=max(G.shape)
4   F=np.ones((fftsize,fftsize))
5   wlen=20
6   ctr=int(fftsize/2)
7   p1=ctr-wlen
8   p2=ctr+wlen
```

```
 9  F[p1:p2,p1:p2]=0
10  Z=sfft.fftshift(sfft.fft2(G,(fftsize,fftsize)))
11  plt.imshow(np.log(np.abs(Z)))
12  plt.show()
13  fG=np.uint8(np.abs(sfft.ifft2(sfft.fftshift(Z*F))))
14  plt.imshow(fG[:h,:w],cmap='gray')
15  plt.show()
16  plt.imshow(fG,cmap='gray')
17  plt.show()
```

ifft2は2次元逆フーリエ変換関数である。9行目でHPFを設計している。Fは，中央部（低周波数部分）の正方形の範囲が0，ほかの部分が1である。厳密には中央部を円形に処理すべきであるが，この例では簡易的に正方形で処理している。13行目でZにFを掛けてフィルタ処理を実現している。11行目は2次元スペクトルを描画している（図5.5）。2次元スペクトルのグラフは3次元になる。図は，スペクトログラムと同様に3次元のグラフを上から見たもので，強い部分を明るく，弱い部分を暗くして表現している。低周波に対応する中央部分を除くと，強い（明るい）成分は，中心を通る3本の直線である。この成分は，ビルの3方向のエッジに対応している。

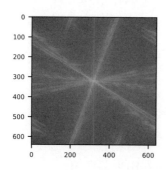

図5.5 2次元スペクトルの可視化

また，プログラム5-3では，画像サイズより大きなサイズでフーリエ変換を行っている。16行目では逆フーリエ変換で生成された画像全体を表示している。14行目では必要なところだけを表示している。

● **特定の周波数成分の除去**　空間周波数領域の処理で特定の空間周波数を取り除くことも可能である。例えば，周期性のノイズが混入している画像を考

える．画像では縞状のノイズに見えるが，このようなノイズはスペクトル上では，特定の位置に出現する．したがって，その部分を弱めるようなフィルタリングを行えば除去できる．人工的に周期性のノイズを付加して，そのノイズを空間周波数領域でのフィルタリングで除去するプログラムを**プログラム 5-4** に示す（ここで使われる hp は章末問題【7】で作成する）．

--- **プログラム 5-4**（周期性ノイズの除去）---

```
1   G=cv2.imread('cyclist-394274_640.jpg',0)
2   h,w=G.shape
3   fftsize=max(h,w)
4   plt.imshow(np.uint8(hp)+np.mean(G),cmap='gray')
5   x1=np.uint8((np.float16(G)+np.float16(hp))/
6     (float(np.max(G))+float(np.max(hp)))*255)
7   plt.imshow(x1,cmap='gray')
8   plt.show()
9   z=sfft.fftshift(sfft.fft2(x1,(fftsize,fftsize)))
10  cis.mesh(np.log(np.abs(z)))
11  A=np.ones((fftsize,fftsize))
12  A[358:363,320]=0
13  A[278:283,320]=0
14  cis.mesh(np.log(np.abs(z*A)))
15  G2=np.uint8(np.abs(sfft.ifft2(sfft.fftshift(z*A))))
16  plt.imshow(G2[:h,:w],cmap='gray')
17  plt.show()
```

5 行目では，hp を元画像に加えて周期性ノイズを模擬している．正しく生成できれば図 **5.6** のような画像となる．

図 **5.6** 周期性ノイズを付加した画像

このようなノイズが含まれている画像のスペクトルでは，ノイズ成分に対応する空間周波数成分にピークが現われる．プログラム 5-4 の 9 行目のスペクトルを 10 行目で表示し，y 軸方向から見るように回転させると，ピークがゼロ周波数 (320,320) から 16 画素に対応する周波数分だけ離れた (360,320) と (280,320) に観察できる（図 5.7）．

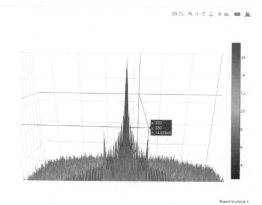

図 5.7　周期性ノイズを付加した画像のスペクトルの中心部

そこで，11～13 行目で，その周波数成分を 0 とするフィルタ A を作成し適用している．16 行目で描画する結果を見ると，ノイズがある程度軽減されていることがわかる．

5.4　周波数領域での画像の拡大

空間周波数領域ではほかにもいろいろな処理が可能である．プログラム 5-5 では，画像を 2 倍の寸法に拡大する処理を紹介する．

―― プログラム 5-5 ――

```
1   G=cv2.imread('cyclist-394274_640.jpg',0)
2   fftsize=max(G.shape)
3   z=sfft.fftshift(sfft.fft2(G,(fftsize,fftsize)))
```

章　末　問　題　　*69*

```
 4    targetsize=fftsize*2
 5    A=np.zeros((targetsize,targetsize),dtype=complex)
 6    ctr=targetsize/2
 7    c1=np.int(ctr-fftsize/2)
 8    c2=np.int(ctr+fftsize/2)
 9    A[c1:c2,c1:c2]=z
10    fG=sfft.ifft2(sfft.fftshift(A))
11    cv2.imshow('original',G)
12    cv2.imshow('magnified',np.uint8(np.abs(fG)))
13    cv2.imshow('brighten',np.uint8(np.clip(np.abs(fG)*3.5,0,255)))
14    cv2.destroyAllWindows()
```

5 行目で元の 2 倍のサイズの 2 次元配列 A を用意し，すべての要素を 0 で初期化している。9 行目でこの A の中央部（つまり低周波部）に元の画像のスペクトルを代入している。10 行目では A を逆フーリエ変換でグレイスケール画像に戻している。12 行目の出力でわかるように，このように作成すると画像は暗くなる。そこで，13 行目では 3.5 倍することで，明るさを元に戻している。plt.imshow は，表示する画像の明るさや大きさを自動調整してしまうので，このプログラムでは，cv2.imshow を用いた。

このプログラムと同様の処理で，音声ファイルも（1 次元で）2 倍に拡大することができる（章末問題【12】）。

章 末 問 題

【1】　プログラム 5-1 の画像 G を転置して縦縞の画像を作成し，2 次元フーリエ変換せよ。また，結果のどの部分がなにを表しているかを説明せよ。

【2】　プログラム 5-3 の wlen を 2 種類の別の値に変更して実行せよ。また，それらの結果を比較して画像の 2 次元周波数に関して考察せよ。

【3】　プログラム 5-3 を参考に画像の LPF のプログラムを作成せよ。そのうえで，2 枚以上の画像を探し，その画像に対して，いくつかのパラメータで実行せよ。また，それらの結果から，2 次元周波数の分布について考察せよ。

【4】　プログラム 5-2 の y の高い方の成分が残るような HPF を周波数領域で実装せよ。

【5】　3 種類の正弦波を加えた音を作成せよ。そのうえで，真ん中の高さの正弦波だ

70   5. 画像の周波数領域処理

けを取り除くフィルタ（BPF）を周波数領域で実装せよ。

【6】 画像の BPF のプログラムを作成し，BPF の効果を説明するのに適している
画像を探し，実行せよ。

【7】 プログラム 5-4 に使われる周期的な模様 hp を，プログラム 5-1 を参考に作成
せよ。ただし，サイズは cyclist-394274_640.jpg と同じで，正弦波は 16 画
素を周期とする垂直周波数を持ち，振幅は 16 となるようにせよ。

【8】 周期性ノイズを付加したサポートサイトの画像ファイル stripe.png の周期性
ノイズを除去せよ。

【9】 適当なグレイスケール画像を元の画像より暗くせよ。

【10】 プログラム 5-5 の 7〜9 行目をプログラム 5-6 で置き換える。このプログラム
は何倍に拡大されるか。このプログラムの結果をプログラム 5-5 の結果と比較
して考察せよ。

―――― プログラム 5-6（変更部分）――――
```
ctr2=fftsize/2
p1=np.int(ctr-fftsize/4)
p2=np.int(ctr+fftsize/4)
p3=np.int(ctr2-fftsize/4)
p4=np.int(ctr2+fftsize/4)
A[p1:p2,p1:p2]=z[p3:p4,p3:p4]
```

【11】 プログラム 5-5 を元の 4 倍に拡大されるように変更し，プログラム 5-5 とは異
なる画像を拡大してみよ。

【12】 プログラム 5-5 を参考に，音声を周波数領域で 2 倍に拡大するプログラムを作
成せよ。また，このプログラムの効果を説明するのに適当な音を選んで，この
プログラムがどのような処理を行っているかを説明せよ。

6 画像の空間領域処理

フーリエ変換と同じように，畳み込み演算も 2 次元の演算が定義される。2 次元の畳み込みを用いて，2 次元のデータである画像データに対するフィルタについて説明する。

───── 利用するパッケージ ─────
```
import numpy as np
import matplotlib.pyplot as plt
import scipy.signal as ss
import scipy.ndimage.filters as sfil
import cv2
import cis
```

キーワード 2 次元畳み込み，移動平均，雑音除去，微分，エッジ，非線形，メディアン

6.1 2 次元畳み込み

Python には，2 次元畳み込み演算の関数 convolve2d が用意されている。ここでは $\begin{pmatrix} 1 & 2 \\ 3 & 4 \end{pmatrix}$ と $\begin{pmatrix} 5 & 6 \\ 7 & 8 \end{pmatrix}$ を畳み込んでいる。

```
>>> ss.convolve2d([[1,2],[3,4]],[[5,6],[7,8]])
array([[ 5, 16, 12],
       [22, 60, 40],
       [21, 52, 32]])
```

この計算結果の 1 行目と 3 行目はつぎのように，それぞれ対象の 2 次元配列の

72   6. 画像の空間領域処理

1行目，3行目どうしの1次元の畳み込み演算の結果である。

```
>>> np.convolve([1,2],[5,6]) # 元の1行目
array([ 5, 16, 12])
>>> np.convolve([3,4],[7,8]) # 元の3行目
array([21, 52, 32])
```

2行目は，第1引数の1行目と第2引数の2行目を畳み込んだものと，第1引数の2行目と第2引数の1行目を畳み込んだものの和となっている。

```
>>> np.convolve([1,2],[7,8])+np.convolve([3,4],[5,6])
array([22, 60, 40])
```

このように2次元畳み込みは，行方向にも列方向にもずらしながら対応をとって演算を行う。

この convolve2d を用いると画像にフィルタを掛けられる（**プログラム 6-1**）。

———— プログラム **6-1**（移動平均フィルタによる画像処理）————

```
1   >>> G=np.uint8(180*np.ones((256,256)))
2   >>> for k in np.arange(31,256,32):
3   ...     G[:,k-2:k]=50
4   ...     G[k-2:k,:]=50
5   ...
6   >>> fG=np.uint8(ss.convolve2d(np.double(G),np.ones((3,1))/3))
7   >>> fG.shape
8   (258, 256)
9   >>> fG=fG[1:-1,:]
10  >>> fG.shape
11  (256, 256)
12  >>> plt.subplot(1,2,1); plt.imshow(G,cmap='gray')
13  <matplotlib.axes._subplots.AxesSubplot object at 0x12a13f940>
14  <matplotlib.image.AxesImage object at 0x12b312d68>
15  >>> plt.subplot(1,2,2); plt.imshow(fG,cmap='gray')
16  <matplotlib.axes._subplots.AxesSubplot object at 0x12b318400>
17  <matplotlib.image.AxesImage object at 0x1298ef4e0>
18  >>> plt.show()
```

プログラム 6-1 は，式 (4.6) を画像データに掛けたものである。元画像 G とフィルタを掛けた画像 fG をよく見比べると横線の部分がぼけていることがわかる。

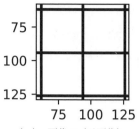 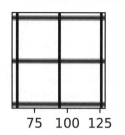

(a) 画像 G（元画像）　　　（b）画像 fG（フィルタ処理結果）

図 **6.1**　移動平均フィルタ処理した画像（拡大）

つまり，縦方向にぼけている．拡大したものを図 **6.1** に示す．

この例では，フィルタは列ベクトルとなっている．行ベクトルであれば，横方向にぼけることは想像できるだろう．したがって，これらを両方適用すれば，縦にも横にもぼけた画像を作ることができる．フィルタ係数も画像も数値の列であるので，列ベクトルのフィルタに行ベクトルのフィルタを適用すると 2 次元のフィルタが得られる．

```
>>> ss.convolve2d(np.ones((1,3))/3,np.ones((3,1))/3)
array([[ 0.11111111,  0.11111111,  0.11111111],
       [ 0.11111111,  0.11111111,  0.11111111],
       [ 0.11111111,  0.11111111,  0.11111111]])
```

このフィルタ係数を利用してフィルタを掛ける関数が convolve である．この関数では，以下のようにこの係数を利用する．

```
>>> fG=sfil.convolve(G,np.ones((3,3))/9)
>>> plt.imshow(fG,cmap='gray')
>>> plt.show()
```

また，フィルタのサイズを与えるだけでこのフィルタと同じフィルタを掛ける関数 uniform_filter も用意されている．第 2 引数がフィルタのサイズである．

```
>>> plt.imshow(sfil.uniform_filter(fG,3),cmap='gray')
```

このフィルタを使ってある程度ノイズを軽減できる（**プログラム 6-2**）。

---- **プログラム 6-2**（移動平均による雑音の軽減）----
```
>>> N=np.random.poisson(0.01,G.shape)*np.random.standard_normal(G.shape)*80
>>> NG=cv2.subtract(G,np.uint8(N))
>>> plt.imshow(NG,cmap='gray')
<matplotlib.image.AxesImage object at 0x11c4714e0>
>>> plt.show()
>>> fNG=sfil.uniform_filter(NG,3)
>>> plt.imshow(fNG,cmap='gray')
<matplotlib.image.AxesImage object at 0x10fa9d4e0>
>>> plt.show()
```

2 行目の NG はノイズを付与した画像データである。結果を図 **6.2** に示す。ゴミはぼやけているので雑音は軽減されたが，元の成分（格子）もぼやけてしまっている。

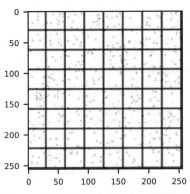

図 **6.2** 移動平均による雑音の軽減結果

6.2 微 分 演 算

離散的な信号から**微分係数**を計算する方法を考える。図 **6.3** は $y = \sin t$ の $t = \pi/2 \sim 1.57$ の付近を拡大した図である。

$dy/dt = \cos t$ なので，$t = \pi/2$ のときの dy/dt は 0 となる。この値は，つぎの式で近似的に計算できる。

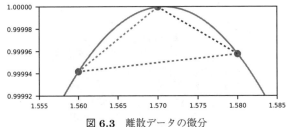

図 6.3 離散データの微分

$$\frac{y(1.57) - y(1.56)}{1.57 - 1.56} = 0.00580 \tag{6.1}$$

$$\frac{y(1.58) - y(1.57)}{1.58 - 1.57} = -0.00420 \tag{6.2}$$

$$\frac{y(1.58) - y(1.56)}{1.58 - 1.56} = 0.000796 \tag{6.3}$$

分子の係数に着目すると，これらは $[1\ -1]$，$[1\ 0\ -1]$ などのフィルタ係数として表現できることがわかる．

また，**2 階微分**は 1 階微分の微分なので，つぎの式で近似できる．

$$\frac{\dfrac{y(1.58) - y(1.57)}{1.58 - 1.57} - \dfrac{y(1.57) - y(1.56)}{1.57 - 1.56}}{1.58 - 1.57} \tag{6.4}$$

$$= \frac{y(1.58) - 2y(1.57) + y(1.56)}{0.01 \times 0.01} \tag{6.5}$$

この式の分子の部分は $[1\ -2\ 1]$ というフィルタ係数として表現できる．

6.3 エッジの検出

画像から物体を抽出する方法の一つに物体の輪郭を用いる方法がある．グレイスケール画像で輪郭の部分がどのようになっているかをプログラム 5-4 などで用いた画像を使って観察してみる（**図 6.4**）．

```
>>> cv2.imread('cyclist-394274_640.jpg',0)
>>> cis.mesh(G)
```

6. 画像の空間領域処理

図 6.4 グレイスケール画像の 3 次元グラフ

表示される 3 次元グラフをいろいろな方向から観察すると，輪郭をまたぐ方向では，多くの部分で急激に値が変化していることがわかる（例えば図 6.4 のタイヤと背景の境界部分）。また，輪郭に沿った方向では，多くの部分で値はなだらかに変化している。この急激な変化を微分が大きくなることでとらえ，ランダムに変化する雑音成分は重み付き平均で抑えようとするフィルタが **Sobel オペレータ** である。

縦方向に重み付き平均，横方向に微分を用いるとつぎのような係数となる。

```
>>> ss.convolve2d([[1],[2],[1]],[[1,0,-1]])
array([[ 1,  0, -1],
       [ 2,  0, -2],
       [ 1,  0, -1]])
```

この係数を実際に使ってみる（**プログラム 6-3**）。

―――――― プログラム 6-3（Sobel オペレータによるエッジ検出）――――――

```
1  >>> fsx=ss.convolve2d([[1],[2],[1]],[[1,0,-1]])
2  >>> gx=ss.fftconvolve(fsx,G)
3  >>> fsy=ss.convolve2d([[1,2,1]],[[1],[0],[-1]])
4  >>> gy=ss.fftconvolve(fsy,G)
5  >>> gxy=np.hypot(gx,gy)
6  >>> plt.imshow(gxy,cmap='gray')
7  <matplotlib.image.AxesImage object at 0x11c8fa1d0>
```

```
   8  >>> plt.show()
```

2行目の `fftconvolve` は FFT を用いて高速に2次元畳み込みを行う関数である。3行目は `fsx` を転置したものである。5行目の `hypot` は2乗和の平方根を計算する関数である。ここで縦方向と横方向の大きさを合わせている。輪郭が抽出できていることがわかる（図 **6.5**）。このような処理を**エッジ検出**と呼ぶ。

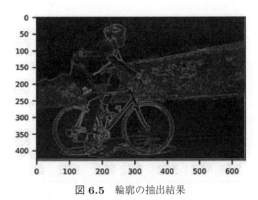

図 **6.5** 輪郭の抽出結果

2次微分の係数 $[1\ -2\ 1]$ を用いるとエッジを強調して，画像を**鮮鋭化**（はっきりさせる）できる。2次微分の微分効果を画像の行方向を例に見てみる（図 **6.6**）。

```
>>> G=cv2.imread('rose.jpeg',0)
>>> y=G[300,:]
>>> y1=ss.lfilter([1,0,-1],1,np.double(y))
>>> y2=ss.lfilter([1,-2,1],1,np.double(y))
>>> r=np.arange(200,300)
>>> plt.subplot(311); plt.plot(r,y[r])
<matplotlib.axes._subplots.AxesSubplot object at 0x11d052048>
[<matplotlib.lines.Line2D object at 0x11cef06a0>]
>>> plt.plot(r,np.double(y[r]-y2[r]),':')
[<matplotlib.lines.Line2D object at 0x11cef0978>]
>>> plt.subplot(312); plt.plot(r,y1[r])
<matplotlib.axes._subplots.AxesSubplot object at 0x11cf04940>
[<matplotlib.lines.Line2D object at 0x10bcf3e10>]
>>> plt.subplot(313); plt.plot(r,y2[r])
<matplotlib.axes._subplots.AxesSubplot object at 0x11c587e48>
```

```
[<matplotlib.lines.Line2D object at 0x10fe8b9b0>]
>>> plt.show()
```

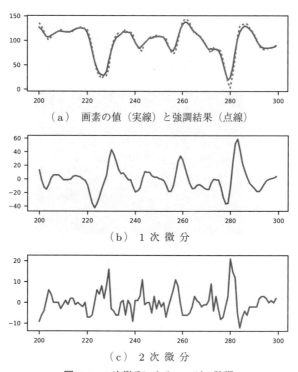

(a) 画素の値（実線）と強調結果（点線）

(b) 1 次 微 分

(c) 2 次 微 分

図 **6.6**　2 次微分によるエッジの強調

　図 6.6（a）には，元の値（実線）と元の値から 2 次微分を引いた値（点線）を重ねてプロットしている。図（b）は 1 次微分，図（c）は 2 次微分である。図（a）の点線のグラフを見ると，エッジの部分が値の大きいところはより大きく，小さいところはより小さくなり，メリハリがついて強調されることがわかる。

　2 次微分の係数 [1 −2 1] を縦，横，45°，135° の 4 方向分を足し合わせるように作成した 2 次元フィルタを**ラプラシアンオペレータ**と呼ぶ。元画像からラプラシアンオペレータによる 2 次微分を引いてエッジを強調するフィルタ係数は次式で与えられる。

$$
\begin{bmatrix} 0 & 0 & 0 \\ 0 & 1 & 0 \\ 0 & 0 & 0 \end{bmatrix} - k \begin{bmatrix} 1 & 1 & 1 \\ 1 & -8 & 1 \\ 1 & 1 & 1 \end{bmatrix} \tag{6.6}
$$

$k = 1$ のときは

$$
\begin{bmatrix} -1 & -1 & -1 \\ -1 & 9 & -1 \\ -1 & -1 & -1 \end{bmatrix} \tag{6.7}
$$

となる。

6.4 非線形フィルタ

　線形演算で実現できないフィルタのことを**非線形フィルタ**と呼ぶ。**移動平均フィルタ**は，注目する値を，その周辺の平均値に置き換えるものである。注目する値を，その周辺の**中央値（メディアン）**に置き換えるフィルタをメディアンフィルタと呼ぶ。Python では，2 次元データに対するメディアンフィルタ処理を行う関数として medfilt2d が用意されている。

```
>>> plt.imshow(ss.medfilt2d(NG,3),cmap='gray')
```

NG は，プログラム 6-2 で用いたものである。第 2 引数はフィルタのサイズであり，この範囲のメディアンに置き換えるように処理される。この画像の場合，ノイズが減少したことがわかる。

章 末 問 題

【1】　適当な画像を fftconvolve で横方向にぼけた画像にせよ。

【2】　プログラム 6-2 のフィルタ係数の行列の大きさをより大きな奇数に変えてみるとなにが起こるか。3 以上の場合を二つ以上試して，フィルタ係数のサイズについて考察せよ。

80   6. 画像の空間領域処理

【3】 5 Hz 程度の正弦波を作成し，その正弦波を微分せよ。また，微分した結果も
元のグラフに合わせてプロットして，その結果について説明せよ。

【4】 適当な画像について **Prewitt オペレータ**を用いてエッジ検出を行え。また，
その結果について，Sobel オペレータの結果と比較して考察せよ。Prewitt オ
ペレータはつぎの係数である。

$$f_x = \begin{bmatrix} -1 & 0 & 1 \\ -1 & 0 & 1 \\ -1 & 0 & 1 \end{bmatrix}, \quad f_y = \begin{bmatrix} -1 & -1 & -1 \\ 0 & 0 & 0 \\ 1 & 1 & 1 \end{bmatrix} \tag{6.8}$$

【5】 45° と 135° のエッジを強調するようなフィルタを Sobel オペレータにならっ
て作成し，処理せよ。また，この処理でうまく強調されるような画像を探し，
6 章中のプログラムより有効であることを示せ。

【6】 45° と 135° のエッジを強調するようなフィルタを Prewitt オペレータにな
らって作成し，処理せよ。また，この処理でうまく強調されるような画像を探
し，6 章中のプログラムより有効であることを示せ。

【7】 SciPy のためのツールキット SciKit に画像処理のアルゴリズムを集めた `skimage`
というパッケージがある。その中の `skimage.feature.canny` を用いてエッジ
抽出を行い，これまでの結果と比較せよ。

【8】 適当な画像を対象に，ラプラシアンオペレータを用いたエッジの強調を行え。
ただし，k をいくつか試して最適な値を探すこと。

【9】 SciPy のためのツールキット SciKit に画像処理のアルゴリズムを集めた `skimage`
というパッケージがある。その中の `skimage.util.random_noise` を用いて
ノイズを適当なグレイスケール画像に追加せよ。その画像に対し，メディアン
フィルタと移動平均フィルタをそれぞれ最適なパラメータで実行し，結果を比
較して，それぞれのフィルタの効果を考察せよ。

7 音声データの相関

大量のデータを対象とするのが統計学である。画像データや音声データはそれ自身が大量の要素から構成されるため，統計的な処理が多用される。音声データを対象に，統計的な処理の中でも最も利用されるものの一つである相関について試す。

―――――― 利用するパッケージ ――――――

```
import numpy as np
import matplotlib.pyplot as plt
import numpy.matlib as mlb
import numpy.linalg as nla
import scipy.signal as ss
import cis
```

キーワード 類似度，内積，距離，角度，相関，相互相関，自己相関

7.1 相 互 相 関

7.1.1 ベクトルの類似度

ベクトルの**類似度**を計算する方法はいくつかある。計算方法の特徴を考察するため，最も単純なベクトルとして 2 次元ベクトルを考える。2 次元空間での 2 次元ベクトルは平面上の点を表す。

ここで三つのベクトル $p = (1, 1)$，$q = (3, 3)$，$r = (-1, 1)$ を考える。二つの点の距離は，二つの点の近さを表す。2 点 p, q のユークリッド距離は式 (7.1) で計算できる。

82   7. 音声データの相関

$$\sqrt{(p_x - q_x)^2 + (p_y - q_y)^2} \tag{7.1}$$

```
>>> p=np.array([1,1])
>>> q=np.array([3,3])
>>> r=np.array([-1,1])
>>> np.sqrt(np.sum((p-q)**2))
2.8284271247461903
>>> nla.norm(p-q)
2.8284271247461903
>>> nla.norm(p-r)
2.0
>>> nla.norm(q-r)
4.4721359549995796
```

sum は数列の総和を計算する関数である。ユークリッド距離は，行列の**ノルム**を計算する norm 関数でも計算できる。ユークリッド距離を尺度とすると，p と r が似ていることになる。

つぎに，p, q, r を位置ベクトルだと考える。位置ベクトルには向きがあるので，向きがどのくらい似ているかを類似度の基準とすることもできる。

ベクトル間の**角度**は**内積**を用いて計算できる。a と b の内積は $a \cdot b$ と表すことにする。内積は dot 関数を用いてつぎのように計算できる。

```
>>> np.dot(p,q)
6
```

線形代数では，通常，ベクトルは列ベクトルなので，列ベクトルはそのまま，行ベクトルは列ベクトルを転置したもの，と表記することにすると，内積はつぎのようにも書ける。

$$a \cdot b = a^T b \tag{7.2}$$

この計算はつぎのように書く。

```
>>> p.T@q
6
>>> p@q
6
```

7.1 相 互 相 関 *83*

「@」は行列の積を表す演算子である。この演算子はベクトルの場合転置しなく
ても内積を求められる。

内積と二つのベクトルの角度 θ の関係はつぎのようになる。

$$\cos\theta = \frac{\boldsymbol{a}\cdot\boldsymbol{b}}{||\boldsymbol{a}||\,||\boldsymbol{b}||} \tag{7.3}$$

$||\boldsymbol{a}||$ は $\boldsymbol{a}$ の長さとする。

$\cos\theta$ の値は，$0\le\theta\le\pi$ では，θ が大きくなるにつれて小さくなる。つま
り，向きが同じときに最大で，似ていないほど $\cos\theta$ の値は小さくなり，向き
が逆のときに最小になる。したがって，類似度としては，θ よりも $\cos\theta$ が適
している。

cos を用いた $\boldsymbol{p},\ \boldsymbol{q},\ \boldsymbol{r}$ の類似度を計算する。

```
>>> np.dot(p,q)/nla.norm(p)/nla.norm(q)
1.0
>>> np.dot(p,r)/nla.norm(p)/nla.norm(r)
0.0
>>> np.dot(q,r)/nla.norm(q)/nla.norm(r)
0.0
```

cos を用いた類似度では，$\boldsymbol{p}$ と $\boldsymbol{q}$ が似ていることになる。さらにこの場合，cos
類似度が 1.0 なので，$\boldsymbol{p}$ と $\boldsymbol{q}$ は同じ向きである。

ほかにもさまざまな類似度の計算方法がある。これらの中からどれを選べば
よいかは，目的によって変わる。

系列の類似度の計算方法を考えるために，もう少し点数を増やして 4 点のベ
クトルを考える。

```
>>> a=np.array([1,5,-1,3])
>>> b=np.array([4,20,-4,12])
>>> c=np.array([-3,1,5,1])
>>> plt.plot(a,':')
[<matplotlib.lines.Line2D object at 0x11de887b8>]
>>> plt.plot(b,'--')
[<matplotlib.lines.Line2D object at 0x11a465f60>]
>>> plt.plot(c)
[<matplotlib.lines.Line2D object at 0x11de88a90>]
```

84   7. 音声データの相関

```
>>> plt.show()
```

plot の第 2 引数が「--」の場合破線でプロットする。

プロットを見ればわかるように，b は，a を 4 倍したものである。形は同じで振幅が異なると見ることもできる。一方，c は a，b とは違う形である。これらは，ユークリッド距離を尺度とした場合と，向きに着目した場合で，どの組み合わせが似ているかが変わる。

```
>>> nla.norm(a-b)
18.0
>>> nla.norm(a-c)
8.4852813742385695
>>> nla.norm(b-c)
24.738633753705962
>>> np.dot(a,b)/nla.norm(a)/nla.norm(b)
1.0
>>> np.dot(a,c)/nla.norm(a)/nla.norm(c)
0.0
>>> np.dot(b,c)/nla.norm(b)/nla.norm(c)
0.0
```

ユークリッド距離では a と c，向きでは a と b が似ている。

統計学で二つの確率変数の類似度の指標となる**相関係数**は，同じ長さのベクトル x，y の x_i，y_i が対になっていると見なしたときに，つぎのように計算される。

$$\frac{\sum_{i=1}^{n}(x_i-\overline{x})(y_i-\overline{y})}{\sqrt{\sum_{i=1}^{n}(x_i-\overline{x})^2}\sqrt{\sum_{i=1}^{n}(y_i-\overline{y})^2}} \tag{7.4}$$

ただし，$\overline{x}$，$\overline{y}$ はそれぞれ x，y の（相加）平均である。この式の $x-\overline{x}$ を a，$y-\overline{y}$ を b とすると，式 (7.3) と同じ形であることがわかる。

7.1.2　相互相関関数

長さを同じにそろえた系列どうしであれば，内積やユークリッド距離を簡単に計算できる。しかし，実際に信号が似ているかどうかを調べたいときには，長さがまちまちであったり，一部だけが似ているということが多い。

7.1 相 互 相 関 85

例えば，ある CM が，あるテレビ局が放映した番組で流されたかどうかを調べたいとする。x を CM（の音声），y をテレビ番組（の音声）とすると，y のどの部分に x（と似た信号）が含まれているかを調べればよい。

このようなときに利用できるのが**相互相関関数 correlate** である（**プログラム 7-1**）。

──────────── プログラム 7-1 ────────────
```
>>> y=np.array([8,8,-3,4,-6,-10])
>>> x=np.array([8,-3,4,-6])
>>> xc=np.correlate(x,y,"full")
>>> plt.plot(xc)
[<matplotlib.lines.Line2D object at 0x116a18c18>]
>>> plt.show()
```

この例では，短い x が長い y の 2〜5 番目に含まれている。この correlate は，第 3 引数が"full"の場合，長さが異なるベクトルの場合には，ずらしながら内積を計算する。

計算方法を以下に示す。まず，つぎのようにずらして対応をとる。

```
        8 -3 4 -6
    8 8 -3 4 -6 -10
```

-10 と 8 の対応がとられている。重なっているところをベクトルとして見ると $[-10]$ と $[8]$ となる。

──────────────────────────────
```
>>> np.dot([-10],[8])
-80
```
──────────────────────────────

であるので，correlate(x,y, "full") の 1 番目の要素は -80 となっている。

以後，一つずつずらして同様に計算する。2 番目の要素を計算するときには，つぎのようになる。

```
        8  -3 4 -6
    8 8 -3 4 -6 -10
```

したがって，dot([-6 -10],[8 -3]) = -18 となる。

最後は，つぎのようになる。

86   7. 音声データの相関

```
8 -3 4 -6
   8 8 -3 4 -6 -10
```

したがって，-48 となる。

このような計算なので，値の大きなところが内積が大きくなるところで，プログラム 7-1 では，xc[4] である。これは x を四つ左にずらしたときに y の一部と一致することを反映している。

内積を用いているため，correlate は全く同一の系列でなくても，似ている部分があるかどうか，どこにあるかを調べることができる。

7.2 自 己 相 関

ある関数 x が**周期関数**であるということは，周期が T 秒とすると，式 (7.5) で表される。

$$x(t) = x(t + T) \tag{7.5}$$

離散データの場合は，N 点が周期だとすると，式 (7.6) のように書く。

$$x[n] = x[n + N] \tag{7.6}$$

この式は，部分が似ているという視点で見ると，周期関数はその信号自身のある部分と，いくつかずらした部分が一致する，といえる。この考えに基づくと，前節の相互相関を同じベクトルに対して計算して，ずらして最も値が大きくなるところが周期を表すと推定できる。

相互相関関数を用いて，同じ信号の相互相関を見てみる（**プログラム 7-2**）。

──────── プログラム 7-2 ────────

```
>>> y=[0,2,2,0,-2,0,2,2,0,-2,0]
>>> yc=np.correlate(y,y,"full")
>>> plt.plot(yc)
[<matplotlib.lines.Line2D object at 0x11aa4ee48>]
>>> plt.show()
```

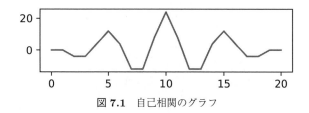

図 7.1 自己相関のグラフ

プロットされるグラフは図 7.1 のようになる。

中央の一番高いところは，開始点をそろえて比較した場合に対応する。全く同じものになるので，どのような信号の場合でも，ここが最大の値になる。このグラフは左右対称になるので，右側だけ見てみる。中央から右に 5 点目が中央のつぎに大きな値をとっている。これは，5 点ずらしたとき最も似ているということである。y の系列を見ても，周期が 5 点（$[0, 2, 2, 0, -2]$ が繰り返される）であるという推測は妥当であろう。

このような同じ信号に対する相互相関関数を特に**自己相関関数**と呼ぶ。ところで，自己相関では，中央の値がつねに最大になる。したがって，その値が 1 になるように，その値（最大値）で全体を正規化することが多い。

自己相関関数で調べられる周期は**基本周波数**（f_0）と呼ばれる。基本周波数は音の高さを調べるのに使われることがある（**プログラム 7-3**）。

―――― **プログラム 7-3**（母音「あ」の音声波形の拡大プロット）――――

```
1   >>> y,fs=cis.wavread('a-.wav')
2   >>> plt.plot(y)
3   [<matplotlib.lines.Line2D object at 0x116c4a898>]
4   >>> plt.show()
5   >>> a=y[2000:3024]
6   >>> plt.plot(a)
7   [<matplotlib.lines.Line2D object at 0x116cb4940>]
8   >>> plt.show()
9   >>> ac=np.correlate(a,a,"full")
10  >>> plt.plot(np.arange(1023-100,1023+101),ac[1023-100:1023+101])
11  [<matplotlib.lines.Line2D object at 0x116d1a240>]
12  >>> plt.show()
13  >>> fs
14  8000
```

2 行目のプロットを拡大し，周期性がありそうな部分を抽出する（5 行目）。6 行目のプロットは図 **7.2** のようになる。

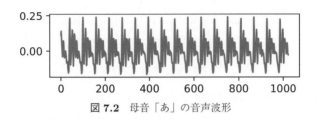

図 **7.2** 母音「あ」の音声波形

プロットから，ほぼ一定の周期があることが確認できる。この部分の自己相関をとった結果のプロット（10 行目）の中央部を拡大すると図 **7.3** のようになる。

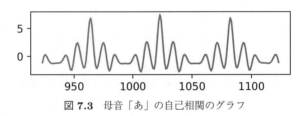

図 **7.3** 母音「あ」の自己相関のグラフ

このプロットを拡大すると右側のピークは `ac[1082]` にあることがわかる。中央のピークは `ac[1023]` なので，周期は 59 点であることがわかる。時間を単位とする場合には，サンプリング周波数が 8 000 Hz なので，$59 \times 1/8\,000 = 0.007\,38$ s である。

7.3 時間波形のフレーム処理

単語や文章をしゃべった音声は，イントネーションやアクセントに起因して，周期が刻一刻と変化する。このようなときには，3.3 節で述べた音声のフレーム処理をするのがよい。

NumPy では `array` で一括して代入，参照などができる特徴を用いると，for ループを利用せずに音声をフレーム分割できる。

7.3 時間波形のフレーム処理   *89*

```
1    >>> x=np.arange(1,10)*2
2    >>> x
3    array([ 2, 4, 6, 8, 10, 12, 14, 16, 18])
4    >>> ind=np.array([[0,2,4,6],[1,3,5,7],[2,4,6,8]])
5    >>> ind
6    array([[0, 2, 4, 6],
7           [1, 3, 5, 7],
8           [2, 4, 6, 8]])
9    >>> F = x[ind]
10   >>> F
11   array([[ 2, 6, 10, 14],
12          [ 4, 8, 12, 16],
13          [ 6, 10, 14, 18]])
14   >>> F[:,0]
15   array([2, 4, 6])
16   >>> F[:,1]
17   array([ 6, 8, 10])
```

x は偶数の行ベクトルである。4 行目で 3 行 4 列の行列 ind を設定している。
9 行目では，この ind を使って，ベクトル x にアクセスしている。すると，返
り値は，ind と同じ大きさの行列になり，ind の値に対応した値となる。この
結果で得られた行列の列を見ると，まず 1 列目は (2,4,6) と x[0] から x[2]
の 3 要素となっている。2 列目は (6,8,10) と x[2] から x[4] の 3 要素となっ
ている。1 列目を第 0 フレームとして見ると，フレームは三つの要素を持つ。ま
た，つぎのフレームまでは，2 要素ずれている。つまり，ind を用いると，フ
レーム幅 3，**フレームシフト**（ずらし幅）2 のフレームを生成できる。

フレームを表現する行列は，NumPy の **array** の機能を利用して簡単に作る
ことができる。

```
>>> W=3
>>> N=4
>>> SP=2
>>> np.array([np.arange(0,W)]).T+np.array([np.arange(0,N)])*SP
array([[0, 2, 4, 6],
       [1, 3, 5, 7],
       [2, 4, 6, 8]])
```

90　　7. 音声データの相関

4行目では，サイズの異なる行列を足している。NumPy の array には，この
ようなときに自動的に行や列を追加するブロードキャストという機能が備わっ
ている。

```
>>> A=np.array([[0],[1]])
>>> B=np.array([[3,5]])
>>> A
array([[0],
       [1]])
>>> B
array([[3, 5]])
>>> A+B
array([[3, 5],
       [4, 6]])
>>> np.hstack((A,A))+np.vstack((B,B))
array([[3, 5],
       [4, 6]])
>>> A*B
array([[0, 0],
       [3, 5]])
>>> np.hstack((A,A))*np.vstack((B,B))
array([[0, 0],
       [3, 5]])
```

　このように，二つの多次元配列を操作するとき，その二つの配列のサイズが
異なっていて，片方の配列のどこかの次元のサイズが1の場合，サイズが合う
ように自動的に繰り返す。この例の場合，A は第0次元のサイズが2，第1次
元のサイズが1，B は第0次元のサイズが1，第1次元のサイズが2となる。し
たがって，A と B を足したり，掛けたりする場合には，A は第1次元の方に2
回繰り返し $\begin{pmatrix} 0 & 0 \\ 1 & 1 \end{pmatrix}$ となり，B は第0次元の方に2回繰り返し $\begin{pmatrix} 3 & 5 \\ 3 & 5 \end{pmatrix}$ とな
る。vstack は，縦方向に数列を並べる関数である。この例での「*」は行列の
掛け算ではないことに注意すること。

　この考え方を用いて音声信号をフレームに分割して処理するための関数を
生成する。適当なテキストエディタで，**プログラム 7-4** のように入力して，
frameindex.py という名称で保存する。

7.3 時間波形のフレーム処理   91

―――― プログラム **7-4**（関数 frameindex）――――

```
import numpy as np

def frameindex(framelength, noverlap, signallength):
    sft = framelength - noverlap
    n = np.int(np.fix((signallength - framelength)/sft + 1))
    findex = np.array([np.arange(0,framelength)]).T \
             + np.array([np.arange(0,n)])*sft
    return(findex)
```

関数 frameindex は，例えば，**プログラム 7-5** のようにフレーズの周期の変化をプロットするのに利用できる。

―――― プログラム **7-5**（フレーズの周期のプロット）――――

```
 1   >>> from frameindex import frameindex
 2   >>> y,fs=cis.wavread('aiueo8.wav')
 3   >>> yframe=y[frameindex(256,64,y.shape[0])]
 4   >>> f,nframe=yframe.shape
 5   >>> nperiod=np.zeros(nframe)
 6   >>> for i in range(nframe):
 7   ...     ac=np.correlate(yframe[:,i],yframe[:,i],"full")
 8   ...     pks=ss.argrelmax(ac,order=10)
 9   ...     pkloc=(pks[0])[(pks[0]>256).nonzero()]
10   ...     if pkloc.size == 0:
11   ...             nperiod[i]=np.nan
12   ...     else:
13   ...             nperiod[i]=pkloc[np.argmax(ac[pkloc])]-255
14   >>> plt.plot(nperiod)
15   [<matplotlib.lines.Line2D object at 0x115e6ccc0>]
16   >>> plt.show()
```

8 行目の argrelmax は局所的な最大値を求める関数である。A は乱数なので試行ごとに変わるが，ここでは，**図 7.4** に示す数列だとする。

```
 1   >>> A=np.random.random((30,))
 2   >>> plt.plot(A)
 3   >>> plt.show()
 4   >>> ss.argrelmax(A)
 5   (array([ 1,  3,  5,  7, 11, 15, 17, 20, 24]),)
 6   >>> ss.argrelmax(A,order=3)
 7   (array([ 3, 11, 17, 24]),)
```

7. 音声データの相関

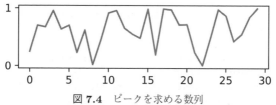

図 7.4　ピークを求める数列

4 行目は，すべてのピークの場所のインデクスを求めている。しかし，多くの場合，例えば，図の最初の部分では，インデクス 3 のピークだけが求まればよく，インデクス 1 やインデクス 5 のピークは不要である。argrelmax では，order 引数を用いることである程度そのような処理が実現できる。order 引数を指定すると，その数の範囲で最大のインデクスを探すようになる。6 行目では，order = 3 なので，インデクス 1 や インデクス 5 はインデクス 3 よりも小さいため結果として返されない。argrelmax は多次元配列に対応しているので，その結果は array のタプルとなり，この例のように 1 次元配列の場合にインデクスを利用するときには，プログラム 7-5 の 9 行目のように，タプルの 0 番目の要素にアクセスする。

プログラム 7-5 の 10 行目の size は，array の要素数を返すメソッドである。13 行目の argmax は最大値のインデクスを返す関数である。

11 行目の nan は不定値を示す。不定値とは $0/0$ や $\infty - \infty$ など数学的に定義されないような計算結果として使われる。通常，文章中では NaN などと表現されることが多い。

```
>>> 0/0
Traceback (most recent call last):
  File "<stdin>", line 1, in <module>
ZeroDivisionError: division by zero
>>> np.array(0)/0
__main__:1: RuntimeWarning:

invalid value encountered in true_divide

nan
>>> np.divide(0.,0)
```

章 末 問 題　　*93*

```
nan
```

Pythonでは，通常はこのような演算が起きるとエラーとなる。しかし，NumPyではエラーとならない。つまり，多くの関数が，入力の一部に NaN を含んでいても，その部分は無視して処理できるようになっているので注意が必要である。

```
>>> x=np.array([[5,np.nan]])
>>> x.transpose()
array([[  5.],
       [ nan]])
>>> x+1
array([[  6.,  nan]])
>>> np.mean(x)
nan
>>> np.nanmean(x)
5.0
```

mean は，NaN を無視しないために，平均が NaN となってしまう。一方，nanmean は NaN を無視して平均を計算する。

章 末 問 題

【1】　つぎのプログラムを用いて三つの信号を生成し，プロットして波形を確認せよ。また，これらの三つの信号の類似度を計算し，その結果を考察せよ。sawtoothはノコギリ波を生成する関数である。width 引数は，0〜1 の値で頂点の位置を指定する。

```
>>> step=1/8*np.pi
>>> x=np.arange(0,2*np.pi+step,step)
>>> sin1=np.sin(x)
>>> sin2=np.sin(2*x)
>>> tri=ss.sawtooth(2*x+1/2*np.pi,width=0.5)
```

【2】　内積を $\sum$ を用いて書き換えよ。また，その書き換えが正しいことを Pythonスクリプトを用いて示せ。

【3】　適当な信号を二つ用意して相互相関を計算し，どの部分が似ているかを調べよ。長さが長いとメモリ不足で相互相関が計算できないことがあるので，適当な長

さの信号で試すこと。

【4】 適当な音の自己相関をプロットせよ。ただし，最大値が 1 になるようにして，右半分だけをプロットし，横軸は周期（単位は〔s〕）となるようにせよ。図 **7.5** に見本を示す。

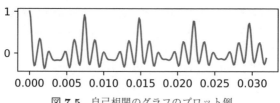

図 **7.5** 自己相関のグラフのプロット例

【5】 周期的であると思う信号に対し自己相関を計算し，その結果のプロットを観察して，基本周波数を推定せよ。

【6】 周期的であると思う信号に対し自己相関を計算し，その結果のプロットを観察して，基本周波数に対応するピーク以外の 2，3 個の大きなピークについて，大きい順にどのようなものを表しているかを考察せよ。

【7】 周期的でないと思う信号に対し自己相関を計算し，その結果のプロットから，どのようにすれば周期的でないことを判断できるか考察せよ。

【8】 さまざまな周波数の正弦波を作成して，その自己相関を計算せよ。また，どんどん周波数を上げていくとどうなるか観察し，自己相関を使って信号の周波数を推定する場合，どの程度の周波数まで正しく推定できるかを考察せよ。

【9】 プログラム 7-5 を用いると，楽器のフレーズ，歌声，話し声，そのほか，音の高さが変化するもの（道路の信号の視覚障害者用の信号など）の音の高さの変化を可視化できる。音の高さが変化する適当な音を録音し，可視化してみよ。また，その音のスペクトログラムも観察し，音の高さがスペクトログラムではどのように表われているか考察せよ。

なお，プログラム 7-5 を用いる場合に，対象となる音の高さの範囲がだいたいわかっている場合は，LPF や BPF などのフィルタを用いたり，サンプリング周波数を変化させることで推定精度を上げられる（ヒント：Python では，サンプリング周波数を変化させるのに **ss.resample_poly**（12.1.5 項参照）を使うと便利である）。

8 画像データの類似度

　1枚の画像内で同じ色を持つ画素を探したり，同じ形状（空間的な画素濃度分布が同じ）の領域を探したり，複数の画像でたがいの対応点を探したりする処理は重要である。このような処理は，対象とするパターンに対して特徴を定義し，同じような特徴を持つ画素や領域を探索することで実現される。

――― 利用するパッケージ ―――

```
import numpy as np
import matplotlib.pyplot as plt
import scipy.signal as ss
import cv2
import cis
```

キーワード ユークリッド距離，エッジ，相関係数，相互相関

8.1 画素のユークリッド距離

　カラー画像の画素の色を R，G，B それぞれのバンドの値で特徴付けられていると考える。すると，R，G，B の値を座標軸とする 3 次元空間が**特徴空間**であると見なせる（ここでは **RGB 色空間**と呼ぶ）。画素 $p = (r, g, b)$ はこの空間の点となる。この空間では，同じ色を持つ画素は同じ座標となる。また，似たような色を持つ画素は点 p の近傍に配置されると考えられる。

　この場合は，**ユークリッド距離**の小さいものが類似しているものと見なすことができる。2.2 節 [1] などで使用した paprika-966290_640.jpg に対して，適当な黄色い画素をいくつか選んで，その平均ベクトルからしきい値以下のユー

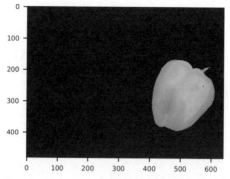

図 8.1 ユークリッド距離による類似画素の抽出

クリッド距離の画素を残すバイナリマスクを生成して抽出した例を図 8.1 に示す（章末問題【1】）。

8.2 画素の相関の応用

6 章では，画素の明るさの違いでエッジを検出した。ここでは，色の違いに基づくエッジ（**カラーエッジ**）について考える。それぞれの画素を RGB 空間でのベクトルとすると，ベクトルが似たような変化パターンを持つ画素は同じ領域であると定義することができる。この考え方に基づいたエッジ検出のための関数をプログラム 8-1 に示す。

──────── プログラム 8-1 （カラーエッジ検出関数）────────
```
def diff_inner(I):
    h,w,b = I.shape
    x=np.double(I)
    p=np.zeros((h,w))
    q=np.zeros((h,w))
    for m in range(0,h-1):
        for n in range(0,w-1):
            xl=x[m,n,:]
            xr=x[m,n+1,:]
            xb=x[m+1,n,:]
            p[m,n]=1-np.corrcoef(xl,xr)[0,1]
            q[m,n]=1-np.corrcoef(xl,xb)[0,1]
    E=np.hypot(p,q)
```

```
E[np.isnan(E)]=0
return(E)
```

corrcoef は，相関係数行列を返す関数である。isnan は，引数が NaN のときに true を返す関数である（章末問題【2】）。

この関数を用いて paprika-966290_640.jpg のエッジ検出した例を図 **8.2** に示す（章末問題【3】）。

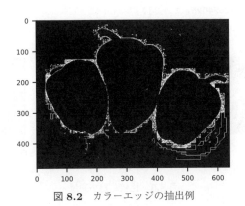

図 **8.2** カラーエッジの抽出例

8.3 領域の相関

空間的なパターンの形状を，そのパターンを含む $m \times n$ 画素の領域の画素から構成される $N = m \times n$ 次元のベクトルと見なすと，その小領域は N 次元空間の点と見なせる。空間の点の類似度は音声の場合と同じように内積や相関で計算できる。

小領域どうしの関係を見てみる（図 **8.3**）。

```
1   >>> G=cv2.imread('cyclist-394274_640.jpg', 0)
2   >>> T0=G[20:100,200:280]
3   >>> T1=G[21:101,200:280]
4   >>> plt.scatter(T0,T1)
5   <matplotlib.collections.PathCollection object at 0x11d03a828>
```

```
 6  >>> plt.show()
 7  >>> np.corrcoef(T0.reshape(-1),T1.reshape(-1))
 8  array([[ 1.    ,  0.86588002],
 9         [ 0.86588002,  1.        ]])
10  >>> T2=G[10:90,10:90]
11  >>> plt.scatter(T0,T2)
12  <matplotlib.collections.PathCollection object at 0x11d0358d0>
13  >>> plt.show()
14  >>> np.corrcoef(T0.reshape(-1),T2.reshape(-1))
15  array([[ 1.    , -0.22894025],
16         [-0.22894025,  1.        ]])
```

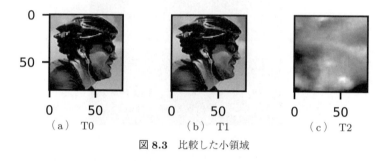

図 8.3　比較した小領域

1行目の imread の第2引数が 0 の場合は，グレイスケール画像として読み込む．T0（図8.3（a））は顔の部分，T1（図（b））は T0 を下に 1 画素だけずらした部分，T2（図（c））は，空の部分である．

4行目の scatter は散布図を作成する関数である．7行目の reshape(-1) は，多次元配列を 1 次元配列に整形する．相関係数行列の $(1,2)$ 要素は相関係数（式(7.4)）である．相関係数は散布図がどの程度直線的なのかを評価する指標である．小領域 T0 と T1 の相関係数は 0.866 である．一方で T0 と T2 の相関係数は -0.229 である．このように，似た小領域どうしでは相関係数が大きくなる．したがって，相関係数を用いると小領域が画像のどこにあるか，似た小領域がどこにあるかを探索することができる．

相関係数を正しく求めるためには，いくつか注意すべき点がある．

1) データの**ダイナミックレンジ**（最大値から最小値を引いたもの）は大きければ大きいほど安定して推定できる．

8.3 領 域 の 相 関　　99

2)　異常値（**外れ値**）がある場合には正しい値が得られない。

3)　大きなエッジなどがあり，とる値が限られる場合には高い相関係数が得
　　られてしまう。

　これらの性質は簡単なシミュレーションで確かめることができる。1番目のレ
ンジの大きさと安定性の関係を確かめてみる。このシミュレーションでは，つ
ぎの式を用いてデータ対 x_i, y_i を生成する。

$$y_i = ax_i + b + \epsilon_i, \quad \epsilon_i \sim N(0, \sigma^2) \tag{8.1}$$

雑音成分として，平均 0，分散 σ^2 の正規乱数を加える。シミュレーションには
つぎの関数を使用する（sim_corrcoef.py というファイルに保存すること）。

```
 1   import numpy as np
 2   import matplotlib.pyplot as plt
 3
 4   def sim_corrcoef(num, xmax, s=0.05, a=1.55, b=0.25):
 5       x=np.linspace(0, xmax, num)
 6       y=a*x+b+np.random.normal(size=x.shape)*s
 7       r=np.corrcoef(x,y)
 8       plt.plot(x,y,'o')
 9       plt.show()
10       print('r={0}'.format(r[0,1]))
11       return(r)
```

　この関数では，引数の定義の部分で，第3引数の s 以降の引数は既定値が設定さ
れている。これらの引数はオプショナルな引数で，引数が指定されない場合は，既
定値を代入して用いられる。つまり，sim_corrcoef(100,0.1) と呼び出したと
きには，s は 0.05 となる。s を 0.1 としたいときには，sim_corrcoef(100,0.1,
s=0.1) と呼び出す。2 行目で x を均等な間隔で生成している。x をそのまま
使う場合には，x にはノイズ成分が含まれない。一方で，3 行目の y の生成で
は，乱数を加えているので，ノイズ成分が含まれる。

　この関数を用いて実験してみる（乱数を用いるので，結果は試行ごとに変
わる）。

100　　8.　画像データの類似度

```
>>> from sim_corrcoef import sim_corrcoef
>>> _=sim_corrcoef(100,0.1)
r=0.7006763932181213
>>> _=sim_corrcoef(100,0.1)
r=0.6208533992150179
>>> _=sim_corrcoef(100,0.5)
r=0.9796825016311979
>>> _=sim_corrcoef(100,0.5)
r=0.9747015331377402
>>> _=sim_corrcoef(100,1)
r=0.9935455586274149
>>> _=sim_corrcoef(100,1)
r=0.9943565663421317
```

いくつか実験してみると，x のレンジが小さい場合には，相関係数の推定が不安定になることがわかる。

実際に画像の対応点対を求める場合は，画像に含まれる雑音成分が正規乱数に，x のレンジが画素の値のダイナミックレンジに対応することになる。ダイナミックレンジが小さい場合は，濃淡の変化が少ない状況で対応点を探すことになる。シミュレーションによると，このような場合は，雑音成分によって相関係数の推定が不安定になるため，正しい対応点が求められなくなることがある。通常はこのような事態を避けるため，なるべく濃度変化の大きい場所を使って対応点探索を行う。濃度変化の大きい場所としては，二つのエッジが交わるコーナー点などがある。

相関係数を用いて対応点を探すときには，1 次元の場合と同様，相互相関が便利である。Python には 2 次元の相互相関を計算する correlated2d という関数が用意されている。correlated2d を用いて対応点を探す例をプログラム 8-2 に示す。

──────── プログラム 8-2（相互相関を用いた領域の照合）────────

```
1   >>> A=np.array([[9,18,14,11,10],[19,2,5,17,8],[15,20,4,1,7],
2   ... [12,16,3,13,6]])
3   >>> B=A[1:3,2:4]
4   >>> B
5   array([[ 5, 17],
```

8.3 領域の相関　　*101*

```
 6          [ 4,  1]])
 7  >>> B=B-np.mean(B)
 8  >>> B
 9  array([[ -1.75, 10.25],
10         [ -2.75, -5.75]])
11  >>> ss.correlate2d(A,B)
12  array([[ -51.75, -128.25, -130. , -101.75, -87.75, -27.5 ],
13         [ -17.  , 105.  ,  77.75, -23.25, -9.5 , -39.5 ],
14         [ 108.5 , -169.  , -30.25, 148.75, 9.25, -33.25],
15         [ 84.75,  53.75, -55.25, -79.75, -0.25, -28.75],
16         [ 123. , 143.  ,  2.75, 128.  , 38.75, -10.5 ]])
```

B は A の $(1,2)$ 要素を左上として 2×2 の領域を抽出したものである。A の中で B と同じ領域を照合する。照合する領域は平均を引いている（7 行目）。この例は，4×5 の行列 A と 2×2 の行列 B の相互相関の例である。結果は，5×6 となっている。結果の [0,0] 要素は，B の右下隅が A[0,0] 要素と重なるように B を左に一つ，上に一つずらして掛け合わせて計算している（$-5.75 \times 9 = -51.75$）。そのようにずらすため，結果のサイズが第 2 引数の行列のサイズ $(2,2)$ から行，列を一つずつ減じた $(1,1)$，つまり 1 行，1 列分だけ大きくなっている。相互相関の値は，[2,3] 要素が最大となっている。1 行，1 列分だけ左上に追加されているので，その分を考慮すると，元のインデクスは [1,2] であることがわかる。これは切り出した領域の左上のインデクスと一致する。

同じような計算を高速で実行する関数 matchTemplate が用意されている。

```
>>> A=A.astype(np.float32)
>>> B=B.astype(np.float32)
>>> res=cv2.matchTemplate(A,B,cv2.TM_CCORR)
>>> res
array([[ 105.  ,  77.75, -23.25, -9.5 ],
       [-169.  , -30.25, 148.75,  9.25],
       [ 53.75, -55.25, -79.75, -0.25]], dtype=float32)
>>> cv2.minMaxLoc(res)
(-169.0, 148.75, (0, 1), (2, 1))
```

matchTemplate の第 3 引数は領域の比較手法を指定する。cv2.TM_CCORR はプロ

102   8. 画像データの類似度

グラム 8-2 と同じ手法で、照合する領域から平均を引いて相関係数を計算する手法
である。この結果は、プログラム 8-2 の 11 行目で求めている correlated2d(A,B)
の結果の [1:4,1:5] の部分と一致している。minMaxLoc は matchTemplate
の結果から最大、最小の座標を調べる関数である。結果は、タプル（最小値、最
大値、最小値をとる座標、最大値をとる座標）である。この場合、最大値をと
る座標は $(2,1)$ であり、インデクスでは [1,2] となる。したがって、最大要素
のインデクスは、切り出した領域の左上のインデクスと一致している。

章 末 問 題

【1】 RGB 値で与えられた色と画像の画素の RGB 色空間でのユークリッド距離を
計算するつぎのような関数を作成せよ。また、その関数を用いて、指定した色
と似た色の領域を抽出せよ。

E = rgb_eucd(I,rgb)

ただし、I はカラー画像、rgb は色を指定するベクトル、E は指定された色と
画素のユークリッド距離を格納する。

【2】 diff_inner のソースコードがどのような処理を行っているか具体的に解説
せよ。

【3】 diff_inner を用いて適当なカラー画像のエッジを検出せよ。

【4】 (1) 適当なグレイスケール画像（カラー画像の場合はグレイスケールに変換
せよ）から 32×32 のサイズの小領域 z0 を切り出せ。

(2) その小領域から周辺の 8 方向に 1 画素ずらして切り出した 32×32 の
サイズの小領域を切り出せ。すると z0 も含めて九つの小領域ができる
（z1〜z9 とする）。

(3) この九つの小領域に対する 9 組の散布図を作成し、subplot を用いてそ
れらの散布図の一覧を作成せよ。

(4) 切り出した場所と散布図の関係について考察せよ。

【5】 相関係数の性質 2)（8.3 節参照）を確認するようなシミュレーションをせよ。

【6】 相関係数の性質 3)（8.3 節参照）を確認するようなシミュレーションをせよ。

【7】 (1) 適当なグレイスケール画像（カラー画像の場合はグレイスケールに変換
せよ）から 32×32 のサイズの小領域 z0 を切り出せ。

(2) その小領域の周辺の 10 画素分（つまり、小領域の左上の座標を (p,q) とし

たら $(p-10, q-10)$, $(p+41, q-10)$, $(p+41, q+41)$, $(p-10, q+41)$)
で囲まれる正方形の範囲でずらした画像を作成せよ。

(3) その 52×52 個の画像と元の小領域の相関係数を計算して mesh で 3 次
元プロットし，その結果について考察せよ。

【8】 グレイスケール画像や画像に対応した 2 次元配列の最大値とその座標を返すつ
ぎの関数 maxG を書け。

        [val,xi,yi]=maxG(G)

ただし，G はグレイスケール画像や 2 次元相関係数など，val は最大値，xi，
yi は最大値の x, y 座標とする。

【9】 (1) サポートサイトにある画像 P3081361.JPG から左上の座標が $(2\,990, 2\,120)$
である 128×128 の小領域を切り出せ。

(2) その小領域に対応する領域を P3081355.JPG, P3081359.JPG, P3091362.
JPG, P3091363.JPG, P3091364.JPG から探せ。

(3) その結果を，検出された領域と元の画像，それぞれの画像の正解の領域と
元の画像の散布図，相関係数を参照して考察せよ。

9 複素信号

信号を複素数表現すると，ある種の操作や解析が簡単になることがある。音声信号を題材に複素数の処理について試す。

―――― 利用するパッケージ ――――

```
import numpy as np
import matplotlib.pyplot as plt
import scipy.signal as ss
import cis
```

キーワード 複素指数関数，オイラーの公式，チャープ信号，周波数変調，
ビブラート，補間

9.1 信号の複素指数関数表現

信号を複素数表現すると，ある種の操作や解析が簡単になることがある。余弦波を例に複素数表現を見てみる。

オイラーの公式を用いると，**複素指数関数**は三角関数を用いて表せる。

$$e^{j\theta} = \cos(\theta) + j\sin(\theta) \tag{9.1}$$

j は虚数単位を表す。i を用いてもよい。電気分野では伝統的に j が用いられるため，信号処理の分野でも j が用いられることが多い。

式 (1.1) と同様に周波数 f を用いた式の場合はつぎのようになる。

$$Ae^{j(2\pi ft)} = A\{\cos(2\pi ft) + j\sin(2\pi ft)\} \tag{9.2}$$

両辺の実数部をとる。

9.1　信号の複素指数関数表現　　*105*

$$\mathrm{Re}\{Ae^{j(2\pi ft)}\} = A\cos(2\pi ft) \tag{9.3}$$

つまり，複素指数関数の実数部をとると余弦波となる。

Python でも，複素指数関数を用いて余弦波を生成できる（**プログラム 9-1**）。

───── **プログラム 9-1**（複素指数関数を用いた余弦波の生成）─────

```
1  >>> fs=8000
2  >>> t=np.arange(0,1,1/fs)
3  >>> cs=np.exp(2j*np.pi*440*t)
4  >>> y=np.real(cs)
5  >>> cis.audioplay(y,fs)
6  >>> plt.plot(y[:100])
7  [<matplotlib.lines.Line2D object at 0x1141b3630>]
8  >>> plt.show()
```

3 行目の **exp** は指数関数である。また，**j** は虚数単位を表す。複素表現は位相の異なる波を加算する場合の説明に便利である。

位相を考慮した余弦波の式はつぎのようになる。

$$A\cos(2\pi ft + \phi) \tag{9.4}$$

この余弦波に対応する指数関数はつぎのように変形できる。

$$Ae^{j(2\pi ft+\phi)} = Ae^{j2\pi ft}e^{j\phi} \tag{9.5}$$

$e^{j\phi}$ は複素数の定数である。したがって $Ae^{j\phi}$ の部分は，t にかかわらず一定である。このような変形を用いると，同じ周波数の余弦波の加算を一般的につぎの式で表せる。

$$Ae^{j(2\pi ft+\phi_1)} + Be^{j(2\pi ft+\phi_2)} = Ae^{j2\pi ft}e^{j\phi_1} + Be^{j2\pi ft}e^{j\phi_2}$$
$$= (Ae^{j\phi_1} + Be^{j\phi_2})e^{j2\pi ft} \tag{9.6}$$

$(Ae^{j\phi_1} + Be^{j\phi_2})$ の部分は，やはり t にかかわらず一定である。振動を表すのは $e^{j2\pi ft}$ の部分なので，同じ周波数 f の余弦波を加算して作られる波は，振幅や位相にかかわらず同じ周波数 f となることがわかる。

106   9. 複 素 信 号

9.2 周波数変調

9.2.1 瞬時周波数

複素数表現の $e^{jk(t)}$ という信号を考える。この式は例えば，式 (9.2) の $2\pi ft$ の部分を時間の関数と見なしたものである。周波数 440 Hz の余弦波の場合は，つぎのようになる。

$$k(t) = 2\pi 440 t \tag{9.7}$$

この式を t で微分する。

$$\frac{dk(t)}{dt} = 2\pi 440 \tag{9.8}$$

この値は t を含まない。つまり定数である。したがって，この信号は高さが時間変化しない。また，この値は，周波数に 2π を掛けたもので，角周波数である。

$k(t)$ が時間変化する関数の場合は，どうなるだろうか。**チャープ信号**と呼ばれる信号がある。これは，周波数が時間とともに変化する信号である。チャープ信号にはさまざまあるが，例えば，時間とともに直線的に変化する場合を考える。つまり，$k(t)$ の微分が直線，つまり t に関する一次関数になる，ということである。この信号を次式で表す。

$$\frac{dk(t)}{dt} = at + b \tag{9.9}$$

両辺積分して $k(t)$ を求めるとつぎのようになる。

$$k(t) = \frac{a}{2}t^2 + bt + C \tag{9.10}$$

ここで，C は定数である。単一の余弦波では，C は位相である。この C によって音が変わって聞こえるわけではないので，とりあえず $C = 0$ とすると，$k(t)$ はつぎのようになる。

$$k(t) = \frac{a}{2}t^2 + bt \tag{9.11}$$

a, b の設定により，音の変化の仕方が変わる。このような信号を**線形チャープ**と呼ぶ。この信号を実際に作成してみる（**プログラム 9-2**）。

```
─────── プログラム 9-2（線形チャープ信号の生成）───────
>>> t=np.arange(0,1,1/fs)
>>> a=880
>>> b=440
>>> k=a/2*t**2+b*t
>>> ch=np.real(np.exp(2j*np.pi*k))
>>> cis.audioplay(ch,fs)
```

直線的な変化以外にも，2 次関数的に変化させる（章末問題【 2 】,【 3 】）など多様なチャープ信号がある。

なお，式 (9.1) の θ の部分を時間で微分したものを**瞬時周波数**と呼ぶ。式 (9.2) では $2\pi ft$ の部分の微分にあたる。

9.2.2 周 波 数 変 調

周波数を時間によって変化させることを**周波数変調**と呼ぶ。周波数変調の例としてビブラートの生成を考えてみる。

ビブラートとは，時間につれて，音の高さを少し上下させる演奏方法である。この上下の変化を正弦波のように変化させることを考えてみる。例えば，正弦波の周波数が，周波数 a Hz を中心に，上下それぞれ b Hz で周波数 f_v の正弦波の形で変動する信号を考える。つまり，瞬時周波数がつぎのようになる。

$$\frac{dk(t)}{dt} = a + b\sin(2\pi f_v t) \tag{9.12}$$

$k(t)$ を求めるとつぎのようになる（積分定数は 0 とする）。

$$k(t) = at - \frac{b}{2\pi f_v}\cos(2\pi f_v t) \tag{9.13}$$

$k(t)$ を使った周波数変調で，余弦波にビブラートをかけてみる（**プログラム 9-3**）。

108　　9. 複 素 信 号

```
>>> t=np.arange(0,1,1/fs)
>>> a=440
>>> b=5
>>> fv=4
>>> k=a*t-b/(2*np.pi*fv)*np.cos(2*np.pi*fv*t)
>>> plt.plot(np.diff(k))
[<matplotlib.lines.Line2D object at 0x11c465b38>]
>>> plt.show()
>>> vib=np.real(np.exp(2j*np.pi*k))
>>> cis.audioplay(vib,fs)
```

$\fbox{}$ プログラム **9-3**（複素指数関数表現を用いたビブラートの生成）$\fbox{}$

diff は差分を求める関数である。6.2 節で述べたように，離散データの場合，差分は微分の近似と見なせる。k が正しく計算できていれば，6 行目のプロットは意図通りに正弦波のような形になる。

9.2.3　任意の音の周波数変調

任意の音（録音した音など）を周波数変調する方法を考える。式 (9.11) に基づくと，f_1 Hz から f_2 Hz まで 1 秒間で変化させる場合には，式 (9.14) のようになる（式が見にくくなるので，e^x を $\exp(x)$ と書く）。

$$
\begin{aligned}
\exp\{j(2\pi k(t))\} &= \exp\left\{j2\pi\left(\frac{f_2-f_1}{2}t^2 + f_1 t\right)\right\} \\
&= \exp\left\{j2\pi f_1\left(t + \frac{f_2-f_1}{2f_1}t^2\right)\right\}
\end{aligned}
\tag{9.14}
$$

f_1 がわかっていれば，この式をそのまま使える。しかし任意の音の場合，f_1 がわからない場合も多い。しかし，そのような場合も，元の音の m 倍まで変化させるという条件で変調すればよいという場合には，式 (9.14) に $f_2 = mf_1$ を代入してつぎのように書き換えればよい。

$$
\exp\left\{j2\pi f_1\left(t + \frac{m-1}{2}t^2\right)\right\}
\tag{9.15}
$$

正弦波の式を t の関数 $y(t)$ であると見ると

$$
y(t) = \exp(j2\pi f t)
\tag{9.16}
$$

である。式 (9.15) は，式 (9.16) の右辺の t が式 (9.17) の関数 $g(t)$ に変わったものと見なせる。

$$g(t) = t + \frac{m-1}{2}t^2 \tag{9.17}$$

つまり，$y(t)$ を $g(t)$ で周波数変調するというのは，$y(g(t))$ と書ける。$g(t)$ は f_1 も f_2 も含んでいないため m を決められれば高さがわかっていない音にも適用できる。

ここで，録音した音で基本周波数がよくわからない音を 1 秒間で元の 2 倍になるように変化させる例を考える。

まず，式 (9.17) で，$m = 2$ として，具体的に t を $g(t)$ に変えるというのはどういうことかを見てみる（**プログラム 9-4**）。

───────── **プログラム 9-4**（周波数変調に用いる関数の変化）─────────
```
>>> fs=20
>>> t=np.arange(0,1,1/fs)
>>> g=t+t**2/2
>>> plt.plot(t,t,t,g)
[<matplotlib.lines.Line2D object at 0x11c90d320>, <matplotlib....
>>> plt.show()
>>> t[1]
0.050000000000000003
>>> g[1]
0.051250000000000004
```

2 点目の値を見てみると，元の t[1] では 0.05 だったのが，$g(t)$ の g[1] では，0.0513 秒と少し大きくなっている。これは，0.05 秒で元の信号の 0.0513 秒のときの値を出力するということを意味する。つまり，元の信号より少しずつ速く出力することになる。

● **補　　間**　自分で信号を 1 から作るような場合は，元の信号より少し速い値や遅い値も自在に計算できる。しかし録音した音の場合は，任意の時刻の点を計算できない。このような場合は，実際にわかっている値でその周辺の値を推定するしかない。つまり，先ほどの例では，$t[1] = 0.05$，$t[2] = 0.1$ となるので，0.0513 秒に対応するデータは元々存在せず，計算して求めないといけない。そのようなときに利用できる方法に**補間**がある。最も簡単な補間は，

110   9. 複 素 信 号

近くの点を直線で結んでその直線上に必要な点があるとして計算する線形補間
である。

　例えば，y という関数が $x = 0$ のときに 3，$x = 1$ のときに 5 という値であ
るとわかっているとする。このときに，$x = 0.5$ のときの値が知りたいとする。
この場合，2点 $(0, 3)$，$(1, 5)$ を結ぶ直線の式を求めて，その直線上で，$x = 0.5$
のときの y の値を計算すればよい。

　このような補間を計算する関数が interp である。

```
>>> x=[0,1]
>>> y=[3,5]
>>> x1=[0,0.5,1]
>>> np.interp(x1,x,y)
```

実行すると，$x = 0.5$ に対応する値がわかるはずである。

　この interp を利用して，任意の音を 1 秒間で元の 2 倍の周波数にする（2
秒だと 4 倍というように，どんどん高くなる）のが，**プログラム 9-5** のスクリ
プトである。

──────── **プログラム 9-5**（任意の音の周波数変調）────────

```
1   y,fs=cis.wavread('a-.wav')
2   t=np.arange(0,y.shape[0]/fs,1/fs)
3   g=t+t**2/2
4   g=g[np.nonzero(g<=t[-1])]
5   mody=np.interp(g,t,y)
6   cis.audioplay(mody,fs)
7   _,_,_,_=plt.specgram(mody,Fs=fs,NFFT=512,window=np.hanning(512),
8   noverlap=256)
9   plt.show()
10  _,_,_,_=plt.specgram(y,Fs=fs,NFFT=512,window=np.hanning(512),
11  noverlap=256)
12  plt.show()
```

式 (9.17) から明らかなように，g は t より速く増える。したがって，ここで生
成される信号は，元の信号より短くなる。3 行目で生成している g は長すぎて，
途中で対応する y の値がなくなってしまう。そこで，4 行目で実質的な長さが同
じになるようにしている。nonzero はゼロでない要素のインデクスを返す関数

である。この関数を用いて条件を満たしているインデクスを返すことができる。

```
>>> x=np.arange(0,10)*2
>>> x
array([0, 2, 4, 6, 8, 10, 12, 14, 16, 18])
>>> np.nonzero(x<=14)
(array([0, 1, 2, 3, 4, 5, 6, 7], dtype=int64),)
>>> x[np.nonzero(x<=14)]
array([0, 2, 4, 6, 8, 10, 12, 14])
```

このように引数に条件を与えると，その条件を満たすインデクスから構成される行ベクトルを返却する。

つぎに，時間軸を時間の関数で変化させて任意の音にビブラートをかける例を考えてみる。

まず，式 (9.13) を式 (9.15) のように時間の関数と見なせるように変形する。

$$y(t) = ah(t) = at - \frac{b}{2\pi f_v}\cos(2\pi f_v t)$$

$$= a\left\{t - \frac{b}{a}\frac{1}{2\pi f_v}\cos(2\pi f_v t)\right\}$$

$$h(t) = t - \frac{p}{2\pi f_v}\cos(2\pi f_v t) \tag{9.18}$$

ただし $p = b/a$ とする。この式も a, b を含んでいないため，高さに対して相対的な幅（高さの p 倍分上下する）で周波数変調すればよい場合には，高さがわからなくても適用できる。

この関数 $h(t)$ について，具体的に，$f_v = 4$, $p = 0.4$, $a = 5$ としてプログラム 9-4 と同様に t と $h(t)$ を比較してみる。すると，$h(t)$ は t より遅れたり進んだりしていることがわかる。

$\cos(2\pi at)$ を用いて，この $h(t)$ の効果を確かめる。上記の条件で $\cos(2\pi at)$ の t を $h(t)$ で置き換えた $\cos(2\pi ah(t))$ を 1 秒分生成してプロットすると図 **9.1** のようになる。

余弦波が少し歪んでいることがわかる。グラフを拡大して，元の余弦波 $\cos(at)$

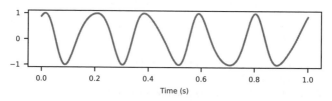

図 **9.1**　$h(t)$ で周波数変調された余弦波

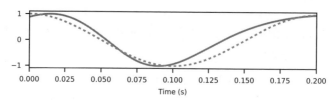

図 **9.2**　周波数変調された余弦波との比較

と重ねてプロットし，どのように歪んでいるかを観察してみる（図 **9.2**）。

　実線のグラフが元の波であり，点線のグラフが変調したものである。0.06 秒までは点線の方が遅れているが，徐々に遅れが小さくなり，0.06 秒から 0.18 秒までは逆転して点線の方が進んでいる。

　このようになる理由は，式 (9.18) に着目すればわかる。$h(t)$ は t から cos を引いた形になっている。つまり，時刻 t のときに，t より，cos の分だけ少し前後する時間の値を t のときに出力する，ということである。これは時刻が歪んでいる，と見なすこともできる。つまり，t を $h(t)$ で置き換えることで，元々は均一の時間間隔で作られた波形の時間軸の間隔を時間により変化させて周波数変調を実現する。

　このような $h(t)$ による変調も interp をうまく利用すると実現でき，高さがあるような任意の信号にはビブラートをかけることができる。

章 末 問 題

【**1**】 440 Hz の余弦波を 1 秒間かけて 220 Hz に変化させるチャープ信号を生成せよ。ただし，瞬時周波数は直線的に変化するようにせよ。

【2】 220 Hz の余弦波を，1 秒間かけて 440 Hz に変化させるチャープ信号を生成せよ．ただし，瞬時周波数が時間の 2 次関数に従って図 9.3 のような形で上昇するようにせよ．

図 9.3　瞬時周波数を上昇させる 2 次関数

【3】 440 Hz の余弦波を，1 秒間かけて 220 Hz に変化させるチャープ信号を生成せよ．ただし，瞬時周波数が時間の 2 次関数に従って図 9.4 のような形で下降するようにせよ．

図 9.4　瞬時周波数を下降させる 2 次関数

【4】【3】のチャープ信号を Python 関数の ss.chirp を利用して作成せよ．
【5】 交通信号機（道路にある信号）では，歩行者用の信号が青であることを視覚障害者に知らせるために，誘導音を鳴らすことがある．最近は，この誘導音は，ある程度統一されている．その中の一つである「ぴよ」という鳴き声に似ている音を生成せよ．この音は，じつはチャープ信号で実現できる．「ぴよ」は 4 000 Hz で開始し，0.05 秒で 2 000 Hz まで下がって，その後，音が途切れる．
【6】 440 Hz の余弦波を，1 秒間に 8 回の正弦波で 10 Hz 上下するように変調せよ．
【7】 つぎの式で周波数変調することで，多くの周波数成分を持つ複雑なスペクトルを生成する方法がある．

$$y = A\sin(2\pi Ct + \beta \sin(2\pi Mt)) \tag{9.19}$$

ビブラートを生成したときよりはるかに M を大きくしていくと，生成される音が正弦波とは全然違う音になっていく．全く異なる音になるまで M を大きくして，どのような条件でどのような音が生成されるかを考察せよ．また，生成した音の時間波形とスペクトルを観察せよ．この M を大きくしたときに起きる現象を利用したのがシンセサイザーなどに利用される FM 音源である．

114   9. 複 素 信 号

【8】 (1) 自分で録音した音が 1 秒間で元の 3 倍の高さになるようなプログラムを
作成せよ。

(2) 実際に録音した音に周波数変調を掛け，その結果をスペクトログラムで観
察せよ。

(3) その結果から，なぜ，この方式で問題なく音の高さを変化させることがで
きるかを説明せよ。

【9】 自分で録音した音にビブラートをかけるプログラムを作成せよ（ヒント：プロ
グラム 9-5 の関数 g を式 (9.18) に変更する）。

10 画像の幾何学的処理

　衛星画像を地図に重ね合わせたり，山頂などで方向を変えて撮った写真をつなぎ合わせてパノラマ写真を作ったりするとき，特に縁の方では写真がそのままでは重ならないことがある。カメラのレンズ系に歪みがない場合，被写体と写真の間にはある物理的な過程が存在しているので，それを解析したうえで変換すると全体を一度に重ね合わせることができる。このような処理を効率的，高精度に実現できるのが幾何学的処理である。また，幾何学的処理は，画像や映像を加工するときにも利用できる。

―― 利用するパッケージ ――
```
import numpy as np
import numpy.linalg as nla
import matplotlib.pyplot as plt
import scipy.ndimage as sndi
import scipy.spatial as spa
import skimage.transform as st
import cv2
```

キーワード　回転，平行移動，同次座標表現，変換，行列，拡大，縮小，アフィン変換，デローネイ三角分割

10.1　2次元平面上の回転

　2次元平面の点 $X(x,y)$ を，原点を中心に反時計回りに角度 θ だけ**回転**させて点 $U(u,v)$ に変換する式は以下の通りである。

10. 画像の幾何学的処理

$$\begin{bmatrix} u \\ v \end{bmatrix} = \begin{bmatrix} \cos\theta & -\sin\theta \\ \sin\theta & \cos\theta \end{bmatrix} \begin{bmatrix} x \\ y \end{bmatrix} \tag{10.1}$$

Pythonではつぎのように変換できる（出力結果を図 **10.1** に示す）。

```
 1  >>> x=np.array([[1,2]]).T
 2  >>> t=np.pi/4
 3  >>> A=np.array([[np.cos(t),-np.sin(t)],[np.sin(t),np.cos(t)]])
 4  >>> u=A@x
 5  >>> u
 6  array([[-0.70710678],
 7         [ 2.12132034]])
 8  >>> plt.plot([0,x[0]],[0,x[1]],'o:',markerfacecolor='white')
 9  [<matplotlib.lines.Line2D object at 0x114195390>]
10  >>> plt.plot([0,u[0]],[0,u[1]],'o:')
11  [<matplotlib.lines.Line2D object at 0x11d045e48>]
12  >>> plt.axis('equal')
13  (-0.7924621202458747,1.0853553390593274,-0.10606601717798214,2.227...
14  >>> plt.show()
```

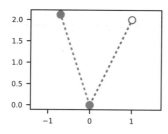

図 **10.1**　平面座標上の点の回転

NumPyでは，2次元配列を行列として扱える。xは，要素数2の列ベクトルであり，**変換行列** Aは，2×2の行列である。4行目の「@」は行列の積の演算子である。8行目で，$(1,2)$に白い丸印「O」になるようにxをプロットしている。この「O」を回転させるので，回転した角度がわかるように，原点とxを点線で結んでいる。10行目では，$(1,2)$が回転して移動した先の$(-0.71, 2.1)$に塗りつぶされた丸印「●」になるようにuをプロットしている。12行目のaxisはプロットの軸を操作する関数である。引数の'equal'は，x，y軸のスケールが同じになるようにしている。このスケールは，通常はプロットされるデータ

10.1 2次元平面上の回転 117

によって自動的に決まるので，たいていの場合，x，y 軸のスケールが異なる。
13 行目の出力は環境によって異なるので，数値が違っても気にしなくてよい。
プロットした結果を見ると，元の点 x が，反時計回りに $\pi/4$，つまり 45 度回
転した位置に移動したことがわかる。

　画像データを変換する場合は，変換後に対応する位置に画素がないこともあ
る。そのような場合は，9.2.3 項で説明した補間処理によって変換後の画素の位
置や値を推定する必要がある。

　とりあえず，線形補間を行う前提で三角形の頂点を回転させるプログラムを
用いて，三角形を回転させる処理のイメージを見てみる。

```
>>> tri=np.array([[0,-1,1],[2,-1,0]])
>>> plt.triplot(tri[0,:],tri[1,:])
>>> tt=A@tri
>>> plt.triplot(tt[0,:],tt[1,:])
>>> plt.axis('equal')
(-1.5349242404917496, 1.1207106781186547, -1.5849242404917496, 2.17...
>>> plt.show()
```

tri は，$(0,2)$，$(-1,-1)$，$(1,0)$ を頂点とする三角形を表す。triplot は三角
形をプロットする関数である。この例では，三角形の 3 頂点を回転させて，間を
直線でプロットしているため，三角形が三角形に変換されている。しかし，回
転は線形変換なので，同一直線上の点は同一直線上に変換され，三角形を構成
するすべての点を回転行列で変換した結果も三角形となる。

　Python で画像データを回転させる関数に rotate がある。ここでは 5.1 節な
どで使用した building-1081868.640.jpg を例に用いる。

```
>>> I=cv2.imread('building-1081868_640.jpg')
>>> rI=cv2.cvtColor(I, cv2.COLOR_BGR2RGB)
>>> rrI=sndi.rotate(rI,30)
>>> plt.imshow(rrI)
<matplotlib.image.AxesImage object at 0x11c26bd68>
>>> plt.show()
```

rotate の第 2 引数は度（degree）で角度を指定する。この関数は，指定され

118   10. 画像の幾何学的処理

た角度の分，反時計回りに回転させる。（90 度の整数倍でない角度に）回転させると画像が傾いてしまう。したがって，この例では，元の画像の外側の部分を黒い画素で埋めることで対応している。

10.2 2次元平面上の平行移動

点 $X(x, y)$ を $(-1, -1)$ だけ平行移動して点 $U(u, v)$ に変換する。式 (10.2) のように書ける。

$$\begin{cases} u = x - 1 \\ v = y - 1 \end{cases} \tag{10.2}$$

これを行列を用いて書くと式 (10.3) のようになる。

$$\begin{bmatrix} u \\ v \end{bmatrix} = \begin{bmatrix} 1 & 0 & -1 \\ 0 & 1 & -1 \end{bmatrix} \begin{bmatrix} x \\ y \\ 1 \end{bmatrix} \tag{10.3}$$

式 (10.3) のように点 $X(x, y)$ の座標を $(x, y, 1)$ のように表す表現を**同次（斉次）座標表現**と呼ぶ。

10.3 同次座標表現を用いた変換

線形変換は行列で表せるので，変換の組み合わせを行列の掛け算で表現できると便利である。そのためには，変換後も同次座標表現となる必要がある。そうするためには，変換行列を式 (10.4) のように 3 × 3 行列にしなければならない。

$$\begin{bmatrix} u \\ v \\ 1 \end{bmatrix} = \begin{bmatrix} 1 & 0 & -1 \\ 0 & 1 & -1 \\ 0 & 0 & 1 \end{bmatrix} \begin{bmatrix} x \\ y \\ 1 \end{bmatrix} \tag{10.4}$$

10.3 同次座標表現を用いた変換　　*119*

同次座標表現を用いて回転を表現すると式 (10.5) となる。

$$\begin{bmatrix} u \\ v \\ 1 \end{bmatrix} = \begin{bmatrix} \cos\theta & -\sin\theta & 0 \\ \sin\theta & \cos\theta & 0 \\ 0 & 0 & 1 \end{bmatrix} \begin{bmatrix} x \\ y \\ 1 \end{bmatrix} \tag{10.5}$$

θ 回転させた後に (a, b) だけ平行移動する変換は式 (10.6) となる。

$$\begin{bmatrix} u \\ v \\ 1 \end{bmatrix} = \begin{bmatrix} 1 & 0 & a \\ 0 & 1 & b \\ 0 & 0 & 1 \end{bmatrix} \begin{bmatrix} \cos\theta & -\sin\theta & 0 \\ \sin\theta & \cos\theta & 0 \\ 0 & 0 & 1 \end{bmatrix} \begin{bmatrix} x \\ y \\ 1 \end{bmatrix} \tag{10.6}$$

回転行列の左側から平行移動の変換行列を掛けることで，変換が合成される。
式 (10.7) は**縮小・拡大処理**を表す。

$$\begin{bmatrix} u \\ v \\ 1 \end{bmatrix} = \begin{bmatrix} \alpha & 0 & 0 \\ 0 & \beta & 0 \\ 0 & 0 & 1 \end{bmatrix} \begin{bmatrix} x \\ y \\ 1 \end{bmatrix} \tag{10.7}$$

x 軸方向に α 倍，y 軸方向に β 倍される。$\alpha, \beta > 1$ なら拡大，$0 < \alpha, \beta < 1$ な
ら縮小される。

　Python で同次座標表現を用いて画像を変換する関数に warpAffine がある。
この関数で利用する行列は，ここまで説明した行列の上 2 行からなる 2×3 行
列である。

　例えば $t = \pi/6$〔rad〕だけ回転させるにはつぎのようにする。

```
>>> I=cv2.imread('paprika-966290_640.jpg')
>>> rI=cv2.cvtColor(I, cv2.COLOR_BGR2RGB)
>>> t=np.pi/6
>>> A=np.array([[np.cos(t),-np.sin(t),0],[np.sin(t),np.cos(t),0]])
>>> h,w,_=rI.shape
>>> wrI=cv2.warpAffine(rI,A,(w,h))
>>> plt.imshow(wrI)
<matplotlib.image.AxesImage object at 0x11c55eeb8>
>>> plt.show()
```

_120_   10.　画像の幾何学的処理

warpAffine は変換行列を与えて変換させる関数である。第3引数で変換後の
サイズを指定する。画像の左上隅を中心に $\pi/6$ だけ回転したことがわかる。この
例では，できあがりのサイズを元画像と同じにしたため，回転後に $0 \leq x \leq w$,
$0 \leq y \leq h$ にならない部分は欠けてしまう。そこで，一番左になる点の x 座標
が 0 以上になるように平行移動させる。つぎにその状態で，画像全体を含むよ
うにできあがりのサイズを調整する。

```
 1   >>> rect=[[0,w,w,0],[0,0,h,h],[1,1,1,1]]
 2   >>> p=A@rect
 3   >>> s=np.min(p,axis=1)
 4   >>> A2=A.copy()
 5   >>> A2[:,2]=-s
 6   >>> pp=p+np.array([s]).T
 7   >>> sz=np.int32(np.ceil(np.max(pp,axis=1)-np.min(pp,axis=1)))
 8   >>> wrI=cv2.warpAffine(rI,A2,(sz[0],sz[1]))
 9   >>> plt.imshow(wrI)
10   <matplotlib.image.AxesImage object at 0x1130cafd0>
11   >>> plt.show()
```

rect は画像の隅の 4 点の座標からなる行列である。s は，A で変換される点の
最小の x 座標と y 座標である。5 行目で A を最小の点が 0 以上になるように
平行移動するような変換 A2 を作成している。6 行目で，画像を A2 で変換した
ときの画像の隅の 4 点の座標を計算している。8 行目の変換後のサイズとして，
その 4 点の x, y 座標，それぞれの最大値を指定することで，変換後の画像全
体を表示できる。

10.4　アフィン変換

ここまでに紹介したような線形変換は次式で一般的に表せる。

$$\begin{bmatrix} u & v & 1 \end{bmatrix} = \begin{bmatrix} x & y & 1 \end{bmatrix} \begin{bmatrix} a & d & 0 \\ b & e & 0 \\ c & f & 1 \end{bmatrix} \tag{10.8}$$

10.4 アフィン変換

このような変換を**アフィン変換**と呼ぶ。この式をつぎのように表す（10.4節では，点を表すベクトルは行ベクトルとなっていることに注意すること）。

$$U = XA \tag{10.9}$$

回転してしまった画像を修正するときなど変換行列 A を推定できると役立つことがある。そのためには X と U から A が計算できるとよい。つぎのように変形すると，対応する X と U から変換行列 A の係数が計算できる。つまり，変換前・変換後の画像が与えられて，対応する数組の座標がわかれば，変換行列 A を推定できる。

$$XA = U \tag{10.10}$$

左から X' を掛ける。

$$X'XA = X'U \tag{10.11}$$

さらに左から $(X'X)$ の逆行列を掛ける。

$$A = (X'X)^{-1}X'U \tag{10.12}$$

ここで，X' は X の転置を表し，X^{-1} は X の逆行列を表す。

式 (10.12) に基づいて対応点から変換行列を推定するプログラムは，つぎのようになる（図 **10.2**）。

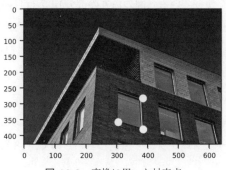

図 **10.2** 変換に用いた対応点

122   10. 画像の幾何学的処理

```
 1  >>> T=cv2.imread('estimate_trans_building.png',0)
 2  >>> plt.imshow(T,cmap='gray')
 3  <matplotlib.image.AxesImage object at 0x000002149AC1C668>
 4  >>> plt.show()
 5  >>> I=cv2.imread('building-1081868_640.jpg')
 6  >>> rI=cv2.cvtColor(I, cv2.COLOR_BGR2RGB)
 7  >>> u=np.array([[1026,464,1],[1191,393,1],[1058,367,1]])
 8  >>> x=np.array([[305,354,1],[381,377,1],[377,287,1]])
 9  >>> A=nla.inv(x.T@x)@x.T@u
10  >>> A.T
11  array([[ 1.74733254e+00, 1.40011855e+00, 0.00000000e+00],
12         [ -1.03556609e+00, 3.34914049e-01, 6.61288085e+02],
13         [ 1.24900090e-16, 1.38777878e-17, 1.00000000e+00]])
14  >>> M=A.T[0:2,:]
15  >>> M
16  array([[ 1.74733254e+00, 1.40011855e+00, -2.57839360e+00],
17         [ -1.03556609e+00, 3.34914049e-01, 6.61288085e+02]])
18  >>> M[0,2]=0
19  >>> h,w,_=rI.shape
20  >>> rect=[[0,w,w,0],[0,0,h,h],[1,1,1,1]]
21  >>> p=M@rect
22  >>> sz=np.int32(np.ceil(np.max(p,axis=1)-np.min(p,axis=1)))
23  >>> wrI=cv2.warpAffine(rI,M,(sz[0],sz[1]))
24  >>> plt.imshow(wrI)
25  <matplotlib.image.AxesImage object at 0x000002149A7436A0>
26  >>> plt.show()
```

estimate_trans_building.png は builing-1081868_640.jpg をアフィ
ン変換した画像だとする。ここでは，対応点として，中央の窓の隅の座標のう
ち左上以外の三つを使っている（図の白丸の部分）。7 行目の u は，変換後，つ
まり estimate_trans_building.png の中央の窓の座標の同次座標表現であ
る。8 行目の x は，変換前の中央の窓の座標である。9 行目が式 (10.12) であ
る。inv は，逆行列を求める関数である。10.3 節で同次座標表現の変換行列は
A.T にあたる。このプログラムでは，warpAffine で推定した変換行列を確認
している。A.T を warpAffine 用に修正した行列が M である。画像のある範囲
だけを表示するようなプログラムを想定しているので，18 行目で平行移動分を
削除している。

10.4 アフィン変換　　*123*

`getAffineTransform` 関数を用いると，対応点から変換行列の係数を推定できる。

```
>>> M=cv2.getAffineTransform(np.float32(x[:,0:2]),np.float32(u[:,0:2]))
>>> M
array([[  1.75337966e+00, 1.39027164e+00, -2.04980417e+01],
       [ -1.02160455e+00, 3.36955148e-01,  6.63959444e+02]])
>>> M[0,2]=0
>>> p=M@rect
>>> p
array([[  0.  , 1122.16298168, 1717.19924195, 595.03626027],
       [ 663.95944409, 10.13253316, 154.3493367 , 808.17624763]])
>>> sz=np.int32(np.ceil(np.max(p,axis=1)-np.min(p,axis=1)))
>>> wrI=cv2.warpAffine(rI,M,(sz[0],sz[1]))
>>> plt.imshow(wrI)
>>> plt.show()
```

対応点については，座標だけ与えればよいので，x，u の同次表現の 1 の部分は除去している。

また，NumPy では，方程式 (10.9) を与えられた X，U から直接 A の係数を推定する関数 `lstsq` も用意されている。

```
>>> A,_,_,_=np.linalg.lstsq(x,u)
>>> A.T
array([[  1.75337966e+00,  1.39027164e+00, 0.00000000e+00],
       [ -1.02160455e+00,  3.36955148e-01, 6.63959444e+02],
       [ -5.08450451e-19, -6.45672480e-19, 1.00000000e+00]])
>>> u
array([[1012, 473, 1],
       [1186, 398, 1],
       [1048, 366, 1]])
>>> x@A
array([[  1.01200000e+03, 4.73000000e+02, 1.00000000e+00],
       [  1.18600000e+03, 3.98000000e+02, 1.00000000e+00],
       [  1.04800000e+03, 3.66000000e+02, 1.00000000e+00]])
>>> M=A.T[0:2,:]
>>> M[0,2]=0
>>> p=M@rect
>>> sz=np.int32(np.ceil(np.max(p,axis=1)-np.min(p,axis=1)))
>>> wrI=cv2.warpAffine(rI,M,(sz[0],sz[1]))
```

124   10. 画像の幾何学的処理

```
>>> plt.imshow(wrI)
```

10.5 射 影 変 換

遠近法のように遠くが小さくなるような変換には**射影変換**を用いる。そのための関数は warpPerspective であり，3×3 の変換行列を与えると変換できる（**プログラム 10-1**）。

──────── プログラム 10-1 ────────
```
>>> I=cv2.imread('building-1081868_640.jpg')
>>> rI=cv2.cvtColor(I, cv2.COLOR_BGR2RGB)
>>> M=np.array([[1,0,0],[-0.5,1,-0.001],[213,0,1]])
>>> h,w,b=rI.shape
>>> rect=[[0,w,w,0],[0,0,h,h],[1,1,1,1]]
>>> p=M.T@rect
>>> p=p[0:2,:]/p[2,:]
>>> sz=np.int32(np.ceil(np.max(p,axis=1)-np.min(p,axis=1)))
>>> wrI=cv2.warpPerspective(rI,M.T,(sz[0],sz[1]))
>>> plt.imshow(wrI)
<matplotlib.image.AxesImage object at 0x1172f9e80>
>>> plt.show()
```

10.6 複雑な形状の変換

点で指定された領域を三角形の領域に分割する方法に**デローネイ三角分割**という方法がある。Python では Delaunay という関数で実行できる（**プログラム 10-2**）。

──────── プログラム 10-2 ────────
```
>>> x=np.random.random((1,16))
>>> y=np.random.random((1,16))
>>> pts=np.hstack((x.T,y.T))
>>> tri=spa.Delaunay(pts)
>>> plt.scatter(x,y)
<matplotlib.collections.PathCollection object at 0x11b2a6898>
>>> plt.show()
```

10.6 複雑な形状の変換 *125*

```
>>> plt.scatter(x,y)
<matplotlib.collections.PathCollection object at 0x11b2a6898>
>>> plt.triplot(x[0,:],y[0,:])
[<matplotlib.lines.Line2D object at 0x11a8087f0>, <matplotlib.lines....
>>> plt.show()
```

このように，Delaunay を用いると，隣接する点から自動的に三角形の領域が推定できる。

対応点が 3 組あればアフィン変換を決定できるので，この関数を用いると，同じ対象物を観測した 2 枚の画像を精度よく重ね合わせられる。それにより，ステレオ視や時間変化領域の抽出，モーフィングなどさまざまな処理が可能となる。

そこで，プログラム 10-2 で作成したような三角形の領域を重ね合わせたい画像の対応する点に関してそれぞれ作成する。つぎに，対応する三角形どうしでそれぞれアフィン変換を行うと，画像の歪んだ対応を示す関数を三角形の網で近似するような効果が得られる。その結果，全体としては高精度の重ね合わせが可能となる。

対応する点を指定して画像を重ね合わせる例を示す。

```
>>> b1=cv2.imread('DSCF6600_normal.JPG')
>>> rb1=cv2.cvtColor(b1, cv2.COLOR_BGR2RGB)
>>> b2=cv2.imread('DSCF6601_smile.JPG')
>>> rb2=cv2.cvtColor(b2, cv2.COLOR_BGR2RGB)
>>> plt.figure(1);plt.imshow(rb1)
<matplotlib.figure.Figure object at 0x11c292da0>
<matplotlib.image.AxesImage object at 0x11ca5d160>
>>> plt.figure(2);plt.imshow(rb2)
<matplotlib.figure.Figure object at 0x11ca5d780>
<matplotlib.image.AxesImage object at 0x11cab0860>
>>> plt.show()
```

b1，b2 は同一人物の顔と笑顔の画像（サポートサイトでダウンロード可能）である。b1，b2 を並べて表示し，対応する点の座標をとった例を**表 10.1** に示す。

つぎに，これらを対応点対として重ね合わせてみる（**cpp_face.csv** は，表 10.1 のデータを CSV 形式で保存したファイルである）。

126   10. 画像の幾何学的処理

表 10.1　二つ顔画像の対応点

場　所	b1		b2		場　所	b1		b2	
左目頭	2 186	1 590	2 191	1 611	口右	2 692	2 409	2 761	2 358
左目	2 023	1 548	2 022	1 554	顎先	2 332	3 057	2 349	3 111
左目尻	1 768	1 576	1 758	1 583	首左	1 667	2 868	1 667	2 870
右目頭	2 583	1 619	2 573	1 621	首右	3 014	2 884	3 001	2 890
右目	2 743	1 577	2 735	1 590	肩左	1 545	3 391	1 539	3 402
右目尻	2 992	1 622	2 975	1 618	肩右	3 186	3 411	3 175	3 426
鼻の頭	2 398	1 932	2 394	1 966	耳下左	1 485	2 325	1 456	2 321
鼻穴左	2 218	2 046	2 171	2 041	耳上左	1 352	1 691	1 336	1 704
鼻穴右	2 576	2 053	2 590	2 048	耳下右	3 228	2 350	3 225	2 342
鼻左	2 130	2 023	2 085	1 976	耳上右	3 367	1 776	3 335	1 781
鼻右	2 626	2 019	2 657	1 985	額左	1 709	822	1 692	837
口左	2 063	2 410	1 960	2 326	額右	2 976	1 016	2 957	1 020
口中央	2 380	2 346	2 362	2 289	頭上	2 479	343	2 463	347

```
1   >>> b1=np.loadtxt("cpp_face.csv",delimiter=",",usecols=(0,1))
2   >>> b2=np.loadtxt("cpp_face.csv",delimiter=",",usecols=(2,3))
3   >>> tri=spa.Delaunay(b1)
4   >>> trj=spa.Delaunay(b2)
5   >>> plt.imshow(rb1)
6   <matplotlib.image.AxesImage object at 0x11b2c35f8>
7   >>> plt.triplot(b1[:,0],b1[:,1])
8   [<matplotlib.lines.Line2D object at 0x11b2c31d0>, <matplotlib.lines....
9   >>> plt.scatter(b1[:,0],b1[:,1])
10  <matplotlib.collections.PathCollection object at 0x1139aae80>
11  >>> plt.show()
12  >>> plt.imshow(rb2)
13  <matplotlib.image.AxesImage object at 0x1172f93c8>
14  >>> plt.triplot(b2[:,0],b2[:,1])
15  [<matplotlib.lines.Line2D object at 0x1172f9c88>, <matplotlib.lines....
16  >>> plt.scatter(b2[:,0],b2[:,1])
17  <matplotlib.collections.PathCollection object at 0x1139aae80>
18  >>> plt.show()
19  >>> tform=st.PiecewiseAffineTransform()
20  >>> tform.estimate(b2,b1)
21  True
22  >>> h,w,_=rb1.shape
23  >>> rb2_from_rb1=st.warp(rb1,tform,output_shape=(h,w))#少し時間がかかる
24  >>> plt.imshow(rb2_from_rb1)
25  <matplotlib.image.AxesImage object at 0x117784828>
26  >>> plt.show()
```

1，2行目の `loadtxt` はテキストファイルからデータを読み込む関数である。`delimiter` 引数に「,」を指定することで，CSV ファイルであることを指定し，`usecols` 引数で，CSV ファイルのどの列を読み込むかを指定する。19 行目の `PiecewiseAffineTransform` は，コントロールポイントと呼ばれる対応点で定義される小領域ごとにアフィン変換を推定するクラスである。20 行目の `estimate` は，そのクラスの変換を推定するメソッドである。23 行目の `warp` は `skimage.transform` パッケージの変換オブジェクトを用いて変換する関数である。

画像の一部だけが変換されているため，適当な大きさの領域を切り出して重なり具合を評価する。ここでは，対応点として指定した左目の位置で位置ずれを計測し，それに基づいて適当な大きさの領域を切り出し，カラー合成することで重なり具合を評価する（プログラム **10-3**）。

───────────────── プログラム **10-3** ─────────────────

```
>>> c1=cv2.cvtColor(rb2, cv2.COLOR_RGB2GRAY)
>>> c2=np.uint8(rb2_from_rb1*255)
>>> c2=cv2.cvtColor(c2, cv2.COLOR_RGB2GRAY)
>>> c11=cv2.equalizeHist(c1)
>>> d=np.zeros(rb2.shape,np.unit8)
>>> d[:,:,0]=c11
>>> d[:,:,1]=c1
>>> d[:,:,2]=c2
>>> plt.imshow(d)
<matplotlib.image.AxesImage object at 0x116cc19b0>
>>> plt.show()
```

`equalizeHist` はコントラストを調整する関数である。この例では，重なっていないのはまぶたのところ程度で，対応点として指定したところはよく重なっていることがわかる（サポートサイト `ccp_face.csv` 参照）。

章 末 問 題

【1】 点 (x, y) を $(x + my, y)$（ただし，m は定数）に変換したり，$(x, mx + y)$ に

128   10. 画像の幾何学的処理

変換したりする処理をせん断と呼ぶ。この処理を実現する行列を作り，適当な画像を変換せよ。また，そのうえで，**せん断**とはどのような変換なのか考察せよ。

【2】 つぎの行列は 垂直方向に**反転**させるアフィン変換である。

$$\begin{bmatrix} 1 & 0 & 0 \\ 0 & -1 & 0 \\ 0 & 0 & 1 \end{bmatrix} \tag{10.13}$$

この関数[†]を用いて，適当な画像を水平方向に反転させよ。

【3】 つぎの Python の式で設定できる行列を用いたアフィン変換 M はどのような変換か。何度か試して考察せよ。

```
>>> M=np.vstack((np.hstack((np.random.random((2,2))*2
...  -np.ones((2,2)),np.zeros((2,1))))))
```

【4】 ex_affine.jpg は building-1081868_640.jpg をアフィン変換したものである。変換行列の係数を推定せよ。

【5】 サポートサイトの b004.pgm は歪んでしまった QR コードである。この QR コードを射影変換を用いて正方形に修正せよ（ヒント：QR コードが正方形に変換されるような射影変換の変換行列の係数を推定すればよい）。

【6】 二つ以上の変換を組み合わせて適当な画像のアフィン変換を行え。

【7】 画像の中心からの距離に比例するような回転角を与えた画像を作成せよ（ヒント：画像の中心を中心とするリング状の領域を考え，その領域内では同じ角度だけ回転させるようにする。リング状領域に分解して，それぞれ回転させた後統合する。リング状領域の分割数を大きくすると連続的に変化するように見える）。

このヒントに基づいて spiral(X,n,t)（ただし，X は元の画像，n はリング状領域の数，t は 1 リング当りの回転角で単位は〔°〕）を作成して実行すると図 **10.3** のような画像が得られる。

[†] warpAffine を使う場合には，係数が整数ではエラーが出るので，それを避けるために，A=np.array([[1.,0,0],[0,-1.,0]]) のように，実数として指定しなければならない。

(a) 元画像 X

(b) spiral(X,200,0.5)

(c) spiral(X,200,1)

図 10.3

11 分類

データ処理では，さまざまな局面でなんらかの対象を適当なグループに分類する処理が多用される．Pythonでは，それらの分類処理を簡単に利用できるパッケージも用意されている．それらのパッケージを用いて分類処理を説明する．

───── 利用するパッケージ ─────
```
import numpy as np
import matplotlib.pyplot as plt
import sklearn.neighbors as skln
import scipy.stats as stat
import cv2
import cis
```

キーワード 特徴，特徴量，特徴空間，短時間エネルギー，零交差，分類，k最近傍法，多次元正規分布，最尤法，平均，分散

11.1 特徴量

音声や画像の応用技術では，**分類**処理が多用される．例えば，音声認識とは入力の音声データのどの領域が，どの音韻（日本語では，「か」を子音と母音に分けると/k/と/a/という音がある．この単位が音韻である）であるかを認識する処理である．このためには，どこかの段階で音を音韻に分類できるような処理が必要になる．このように，分類処理は，クラスタリング（自動的な分類），認識だけでなく，変換や生成，合成などさまざまな局面で利用される．そのよ

11.1 特徴量

うな処理のときに，グループを区別するために有効な手掛かりは分類の対象によって変わることが多い．したがって，そのような手掛かりを抽出する処理が必要となる．この手掛かりを**特徴量**と呼ぶ．音声処理や画像処理では数々の特徴量が利用される．

11.1.1 短時間エネルギー

一般に音を録音すると，音がある部分とそうでない無音の部分ができる．音がある部分だけを抽出する処理は多用される．図 **11.1** は「南（みなみ）」という単語を録音したデータの「南」の冒頭部分を拡大して表示したものである．

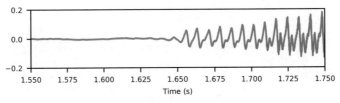

図 **11.1**　「南」の冒頭部分

1.63 秒あたりから /m/ という音韻が始まっている．このように音のある部分は変位が大きくなる．変位が大きいことを反映する特徴量として**短時間エネルギー**（フレームごとのエネルギー）が挙げられる．

入力音声 x の 第 n フレーム $F[n]$ の短時間エネルギーはつぎの式で計算できる．

$$F[n] = \{x[nS], x[nS+1], \cdots, x[nS+N-1]\} \tag{11.1}$$

$$E[n] = \sum_{m=nS}^{nS+N-1} (x[m])^2 \tag{11.2}$$

S はフレームシフト，N はフレーム長である．サンプリング周波数 16 kHz の minami16.wav に対してフレーム長 512 点（フレームシフト 256 点）で短時間エネルギーを計算してプロットしたのが図 **11.2** である（章末問題【1】）．

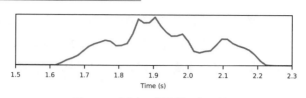

図 11.2 「南」の短時間エネルギー

11.1.2 零　交　差

音韻はさまざまな発声方法で発声されるので，短時間エネルギーだけでは十分に特徴をとらえられない音韻があることがわかっている。図 11.3 は「北（きた）」という単語の冒頭部分を拡大したものである。

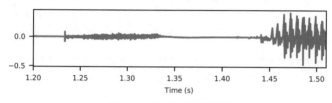

図 11.3 「北」の冒頭部分

1.23 秒あたりから /k/ という音韻が始まっている。このように /k/ という音韻はそれほどエネルギーは大きくない。しかし，無音の部分に比べると小刻みな振動が激しい。このような特徴をフレームごとに簡単にとらえる特徴量としてよく使われるのが，フレーム内で時間信号の符号が何回変化するかを表す**零交差**（zero cross）である。

正弦波は 1 周期に 2 回符号が変化する。したがって，例えば 100 Hz の正弦波は，10 ms では 2 回符号が変化する。この零交差は**プログラム 11-1** の関数で計算できる（後のプログラム 11-2 では，`zcr.py` というファイルに保存していることを前提としている）。

―――――― プログラム 11-1（零交差関数）――――――
```
1  import numpy as np
2
3  def zcr(y, tau, fs):
4      sc=y.shape[0]/fs/tau
```

```
5       zc=np.abs(np.diff(np.sign(y),axis=0)).sum(axis=0)/2/sc
6       return(zc)
```

この関数はデータ y に対して tau 秒間の零交差を計算する。5 行目の sign は符号関数と呼ばれる関数でつぎの式で定義される。sum は，NumPy の array のメソッドで，axis で指定した方向の総和を求める。

$$\mathrm{sgn}(x) = \begin{cases} 1, & x > 0 \\ 0, & x = 0 \\ -1, & x < 0 \end{cases} \tag{11.3}$$

「東」「南」「北」という発話に対してフレーム長 512 点（フレームシフト 256 点）で 10 ms の零交差をプロットしたのが図 **11.4** である（章末問題【3】）。

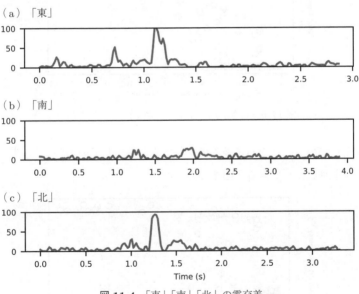

図 **11.4** 「東」「南」「北」の零交差

零交差が大きくなっているのは，「東」の/h/や/sh/,「北」の/t/の部分である。有声音（声帯を振動させる音，母音や子音/m/の部分）や無音（背景雑音）の部分は小さい値になっている。無音の部分でも突発的な雑音によって大きな値

になっているところもある。

11.2 k最近傍分類

短時間エネルギーと零交差を用いて音声ファイルのあるフレームが音声なのかそうでないのかを分類することを考える。まず，この二つ（2次元）の特徴量空間（2次元平面）に minami16.wav の音声フレームと前後の無音フレームを散布図としてプロットする（図 11.5，章末問題【4】）。

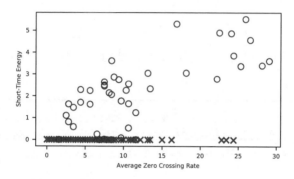

図 11.5 音声フレーム（○）と無音フレーム（×）

エネルギーが小さいところに多くのフレームが集中しているので，y 軸（エネルギー）を対数にしてみる（図 11.6）。

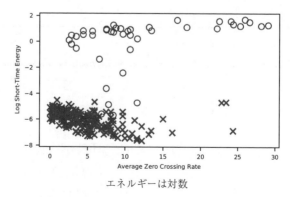

エネルギーは対数

図 11.6 音声フレーム（○）と無音フレーム（×）

11.2 k 最 近 傍 分 類   *135*

いくつかの点を除くと○と×の領域は重ならないのでそれなりに分類できそう
である。

　このような分類では，別々に分類したいグループのことをカテゴリやクラス
と呼ぶ。この例のように手動でカテゴリを分けたデータを用いて分類する手法
は**教師付き分類**と呼ぶ。教師付き分類の方法でわかりやすいものの一つに最近
傍分類がある。

　最近傍分類とは分類しようとする入力に対し，学習データから近いものを探
し，それらのデータのカテゴリであるとして分類する手法である。分類すると
きに，学習データから近いものを k 個探索して最も多いカテゴリに分類するの
が **k 最近傍分類**である（**プログラム 11-2**）。

プログラム 11-2（音声データの k 最近傍分類）

```
1   >>> from frameindex import frameindex
2   >>> from zcr import zcr
3   >>> m,fs=cis.wavread('minami16.wav')
4   >>> F2=m[frameindex(512,256,m.shape[0])]
5   >>> Z2=zcr(F2,0.01,fs)
6   >>> E2=np.log(np.sum(F2**2,axis=0))
7   >>> dnum=Z2.shape[0]
8   >>> snd=np.arange(99,143)
9   >>> slc=np.setdiff1d(np.arange(0,dnum),snd)
10  >>> X=np.vstack((Z2,E2)).T
11  >>> y=np.array(['silence']*dnum)
12  >>> y[snd]='sound'
13  >>> ngh=skln.KNeighborsClassifier(n_neighbors=5)
14  >>> ngh.fit(X,y)
15  KNeighborsClassifier(algorithm='auto', leaf_size=30,
16          metric='minkowski', metric_params=None, n_jobs=1,
17          n_neighbors=5, p=2, weights='uniform')
```
---

1 行目はプログラム 7-3 で作成したものを使用している。8 行目はデータを聞
いて音声区間であると判断した結果に対応したフレーム番号である。9 行目で
は，音声区間でないフレーム番号を求めている。setdiff1d は集合の差分をと
る関数である。ここでは，データ全体のフレーム番号から構成される集合を作
成し，そこから，音声区間に対応したフレーム番号の集合である snd を引く

ことによって，音声区間でないフレーム番号の集合 slc を作成している。X は
フレームごとの特徴量を格納している。行がフレームに対応しており，1 列目
が零交差，2 列目が短時間エネルギーである。y はフレームごとのカテゴリ名
（silence と sound）を格納する配列である。KNeighboursClassifier は k
最近傍分類を行うクラスである。この場合は分類の際に五つの学習データを用
いる分類器を構築している。14 行目でこのクラスの関数 fit を用いて分類器
を学習している。

　この分類器でデータを分類するには，つぎのように predict メソッドを利用
する。

```
>>> sum(ngh.predict(X)!=y)/X.shape[0]
0.024590163934426229
```

結果が y と異なるデータの数の総和を求め，全データ数で割っている。X は学
習データなので，この場合，学習データに対する誤り率は 2.5% であった。対
数をとらない場合を求めると 4.1% となったので，この場合は，対数短時間エ
ネルギーの方が優れた特徴量であると考えられる。

　この分類器を用いて「東」の音声データの分類をした結果，誤り率は 5.6% と
なった。学習データを用いた分類や認識などの処理では，一般に学習データ自
身に対する分類性能は，学習データでないデータに対する性能より高い。この
分類器の場合，学習データは「北」なので，「北」に対する性能は高く，それ以
外，例えば「東」に対する性能はそれより悪くなる。また一般には，学習デー
タを増やせば，誤り率は改善される。

　● **画像データの分類**　　画像データに対しても，適切な特徴量を選べば同じ
ように分類できる。例えば，地表の様子を記録した**衛星画像**を考える。地上の
物が固有の分光反射特性（すなわち色）を持つと考える。すると，画素の色が
同じような場合，同じような物であると推定できる。このように分類する場合
は，画素の RGB 値は特徴量と見なせる。この RGB 色空間でも k 最近傍分類
で分類できる（**プログラム 11-3**）。

11.2 k 最 近 傍 分 類　　*137*

―――― プログラム 11-3 （画像データの k 最近傍分類）――――

```
 1   >>> B1=cv2.imread('20140312_B4.pgm',-1)
 2   >>> h,w=B1.shape
 3   >>> I=np.zeros((h,w,3))
 4   >>> I[:,:,0]=B1
 5   >>> I[:,:,1]=cv2.imread('20140312_B3.pgm',-1)
 6   >>> I[:,:,2]=cv2.imread('20140312_B2.pgm',-1)
 7   >>> plt.imshow(np.uint8(I/np.max(I)*255)*3)
 8   <matplotlib.image.AxesImage object at 0x118eac198>
 9   >>> plt.show()
10   >>> dk=I[102:108,31:35]
11   >>> sl=I[684:689,547:553]
12   >>> sa=I[480:486,987:997]
13   >>> sp1=dk.shape
14   >>> sp2=sl.shape
15   >>> sp3=sa.shape
16   >>> X1=dk.reshape((sp1[0]*sp1[1],sp1[2]))
17   >>> X2=sl.reshape((sp2[0]*sp2[1],sp2[2]))
18   >>> X3=sa.reshape((sp3[0]*sp3[1],sp3[2]))
19   >>> c1=np.array(['dark']*X1.shape[0])
20   >>> c2=np.array(['soil']*X2.shape[0])
21   >>> c3=np.array(['sea']*X3.shape[0])
22   >>> ngh=skln.KNeighborsClassifier(n_neighbors=5)
23   >>> ngh.fit(np.vstack((X1,X2,X3)),np.hstack((c1,c2,c3)))
24   KNeighborsClassifier(algorithm='auto', leaf_size=30,
25           metric='minkowski', metric_params=None, n_jobs=1,
26           n_neighbors=5, p=2, weights='uniform')
27   >>> X=I.reshape((I.shape[0]*I.shape[1],I.shape[2]))
28   >>> pr=ngh.predict(X).reshape((I.shape[0],I.shape[1]))
29   >>> R=np.zeros((I.shape[0],I.shape[1]))
30   >>> R[pr=='dark']=80
31   >>> R[pr=='soil']=160
32   >>> R[pr=='sea']=240
33   >>> plt.imshow(R,cmap='gray')
34   <matplotlib.image.AxesImage object at 0x10bd36860>
35   >>> plt.show()
```

1 行目の imread の第 2 引数は −1 である。これは，データをそのまま読み込むことを示している（このデータは通常の画像フォーマットではない）。10 行目で緑地のカテゴリ dark に対する学習用の領域を dk に，11 行目で土色のカテゴリ soil に対する学習用の領域を sl に，12 行目で海のカテゴリ sea に対する学習用の領域を sa に，それぞれ指定している。16 行目で，行方向に RGB

の次元が並び，列方向には，元の画像の画素を行方向に一列に並ぶように dk を整形している．23 行目では，fit で分類器を学習している．27 行目では，この画像全体の画素を同じように画素ごとに行になるように整形している．28 行目で，画像 I のすべての画素に対し，画素ごとに分類している．29〜33 行目で分類結果を可視化している（図 11.7）．黒い部分が緑地で，灰色の部分が土，白い部分は海である．この分類では，右下の海の部分が海岸近くは海と分類されているが，沖は緑地となってしまっていて特にうまく分類できていないことがわかる．

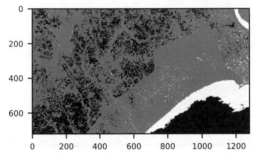

図 11.7　衛星 3 バンド画像の k 最近傍分類法による分類結果

11.3　最　尤　法

　音声の特徴量や画像内のある領域における画素の RGB 値は，さまざまな理由により，一定の値をとることはなく，ある値を中心としてばらつく．音声であれば，同じ人が同じ音韻を話そうとしても口の形や声帯の振動は同じにはならない．前節で取り上げた衛星画像でも植生であれば，場所による成長速度の違いや照明光の違いで色は変わるし，表面反射の角度特性の違いに基づくばらつきもある．

　したがって，個々のデータの値を問題とするよりデータの母集団を考え，ばらつきの中心（**平均値**）や，ばらつきの程度（**分散**）を問題とした方が全体の様子を把握するうえでは有効である．さらに，正規分布を始めとして分布の形

11.3 最　尤　法　*139*

状まで仮定することも多い。

　このようにデータの**特徴空間**上の分布形状がモデル化できると，見通しがよくなりアルゴリズムの開発など問題解決が便利になる。

　多次元の特徴量空間に対応する**多次元正規分布**を用いてモデル化する方法を紹介する。p 次元データの場合，学習データが N 個あるとする。学習データ $\boldsymbol{x}$ はつぎのように書くとする。

$$\boldsymbol{x_i} = \begin{bmatrix} x_{1i} & x_{2i} & \cdots & x_{pi} \end{bmatrix}' \tag{11.4}$$

ただし，$i = 1, 2, \cdots, N$ である。平均ベクトル $\boldsymbol{\mu}$ はつぎのようになる。

$$\boldsymbol{\mu} = \frac{1}{N} \sum_{i=1}^{N} \boldsymbol{x_i} \tag{11.5}$$

ただし，$\boldsymbol{\mu} = \begin{bmatrix} \mu_1 & \mu_2 & \dots & \mu_p \end{bmatrix}'$ である。分散共分散行列はつぎの式で計算できる。

$$\Sigma = \frac{1}{N-1} \sum_{i=1}^{N} (\boldsymbol{x_i} - \boldsymbol{\mu})(\boldsymbol{x_i} - \boldsymbol{\mu})' \tag{11.6}$$

これらを用いてカテゴリをモデル化すると，ある画素 $\boldsymbol{y}$ がカテゴリ k である尤度はつぎの式で計算できる。

$$p(\boldsymbol{y}|\boldsymbol{\mu_k}, \Sigma_k) = \frac{1}{(2\pi)^{p/2}|\Sigma_k|^{1/2}} \exp\left\{ -\frac{1}{2}(\boldsymbol{x} - \boldsymbol{\mu_k})' \Sigma_k^{-1}(\boldsymbol{x} - \boldsymbol{\mu_k}) \right\} \tag{11.7}$$

　ここで $|\Sigma_k|$ は Σ_k の行列式を表す。最も尤度の大きいカテゴリに分類するのが**最尤法**である。

　プログラム 11-3 のデータに対して，多次元正規分布を扱う `multivariate_normal` クラスを用いて最尤法による分類を行う例を**プログラム 11-4** に示す。

―――――――――――― プログラム **11-4**（最尤法による分類）――――――――――――

```
1  >>> mm_dk=np.mean(X1,axis=0)
2  >>> mm_sl=np.mean(X2,axis=0)
3  >>> mm_sa=np.mean(X3,axis=0)
4  >>> ss_dk=np.cov(X1,rowvar=False)
5  >>> ss_sl=np.cov(X2,rowvar=False)
```

140　　11.　分　　　　類

```
 6  >>> ss_sa=np.cov(X3,rowvar=False)
 7  >>> p_dk=stat.multivariate_normal.pdf(X,mm_dk,ss_dk)
 8  >>> p_sl=stat.multivariate_normal.pdf(X,mm_sl,ss_sl)
 9  >>> p_sa=stat.multivariate_normal.pdf(X,mm_sa,ss_sa)
10  >>> plt.imshow(np.argmax(np.vstack((p_dk,p_sl,p_sa)),
11  ... axis=0).reshape((h,w))*80,cmap='gray')
12  <matplotlib.image.AxesImage object at 0x1146afbe0>
13  >>> plt.show()
```

多次元正規分布は，平均ベクトルと分散共分散行列が決まればよい。ここでは，mm_dk などに平均ベクトルを格納し，ss_dk などに分散共分散行列を格納している。7〜9 行目で，multivariate_normal クラスの pdf メソッドで各画素に対する各モデルの尤度を計算している。10 行目の np.vstack((p_dk,p_sl,p_sa)) でそれらを列ベクトルにし，argmax で最大となる要素のインデクスを得ている。reshape メソッドを用いて，これを元画像と同じ幅と高さの 2 次元画像にすると，元画像の画素の分類結果を 0，1，2 の値に置き換えた画像となる。そこで，11 行目では列番号に 80 を掛けて濃さの違いでカテゴリが区別できるようにして可視化している。

最尤法はデータが正規分布に従うことを仮定している。したがって，実際の分布が正規分布からはずれると分類精度が低下する（章末問題【7】）。また，最尤法では，分散の小さいカテゴリと大きいカテゴリが共存する場合，分類すべきデータが分散の小さなカテゴリの平均ベクトルからずれると，分散の大きなカテゴリに分類されてしまう。

章 末 問 題

【1】 音声データの短時間エネルギーを計算するプログラムを作成せよ。また，そのプログラムを用いて，適当な音声データの短時間エネルギーをプロットせよ。

【2】 同じ音声に対し，3 種類のフレーム長で短時間エネルギーを計算し，フレーム長とグラフの形状の関係を考察せよ。

【3】 プログラム 11-1 の関数 zcr を用いて音声データの零交差をプロットせよ。

【4】 (1) 適当な音声ファイルを聴取したり，グラフを観察して，音声フレームと無

章 末 問 題　　*141*

音フレームを区別せよ.

(2) その音声ファイルから零交差と短時間エネルギーを推定し，その二つの特徴量を次元とする 2 次元平面に音声フレームと無音フレームを散布図としてプロットせよ.

(3) 特徴量を対数短時間エネルギーに変更してプロットし，二つの散布図を比較せよ.

【5】 kita16.wav をサポートサイトからダウンロードし，フレームを音声か音声でないか分類せよ（ただし，特徴量として，エネルギーだけを用いる場合，エネルギーと零交差を用いる場合の 2 通りで行え）. また，結果について考察せよ. 学習には kita16.wav 以外の音声を利用せよ.

【6】 適当な画像に対し，適当な学習用の領域を考え，k 最近傍法を用いて分類せよ. k は適当な値を用いよ.

【7】 プログラム 11-3 とプログラム 11-4 の結果を比較せよ. また，最尤法について考察するために，学習データの分布を調べよ.

【8】 学習データのカテゴリごとに平均ベクトルを求め，各画素の濃度ベクトルとの特徴空間におけるユークリッド距離が最も小さくなるカテゴリに分類する方法を**最短距離法**と呼ぶ. 最短距離法は平均ベクトルしか使わないので，学習データの分布の良し悪しに影響されにくいという特長を持つ. 逆に，データの分布が正規分布であれば最尤法に比べて分類の正答率は低下する.

　　プログラム 11-3 の学習データに基づいて最短距離法で分類せよ. また，結果についてプログラム 11-3，プログラム 11-4 の結果と比較して考察せよ.

【9】 分類の基準となる類似度として，距離ではなく内積が用いられる場合がある. 学習データの平均ベクトルを x とし，分類したい対象データを y とする. つぎの式のようにノルムで正規化した内積が大きいカテゴリに分類する手法を**正規化相関法**と呼ぶ.

$$\frac{(x - \overline{x}) \cdot y}{\|x - \overline{x}\|\|y\|} \tag{11.8}$$

ただし，$\overline{x}$ は x の平均，$\|y\|$ は y のノルムを表す.

　　プログラム 11-3 の学習データに基づいて正規化相関法で分類せよ. また，結果についてプログラム 11-3，プログラム 11-4，章末問題【8】の結果と比較して考察せよ.

【10】 教師なしの分類を**クラスタリング**と呼ぶ. sklearn.cluster.KMeans というクラスタリング用のクラスが用意されている. このクラスを用いて 2.2 節〔1〕などで使用した paprika-966290_640.jpg を適当な数にクラスタリングし，結果について考察せよ.

12 音声・画像処理の応用

ここまでに取り上げた手法で具体的な応用課題に挑戦する。

──── 利用するパッケージ ────

```
import numpy as np
import matplotlib.pyplot as plt
import scipy.signal as ss
import scipy.stats as stat
import numpy.matlib as mlb
import scipy.io as sio
import cv2
import sklearn.cluster as clst
import sklearn.neighbors as skln
import cis
```

12.1 Wavetable 合成

ディジタルシンセサイザーの合成方法に **Wavetable 合成方式**（以下，Wavetable 法と呼ぶ）がある。任意の 1 波長の音のデータをテーブルに格納し，そのデータを組み合わせることで，音色の時間変化などを表現する方法である。ここまで学んできた技術を応用して，楽器音を区間に分け，それぞれのデータをテーブルに格納しておいて音を合成する方法を考える。

12.1.1 ADSR エンベロープ

図 12.1 は，ピアノの音の時間波形である。この図でも観察できるが，楽器の音は，最初に無音から大きな音量に急激に変化し（attack），大きな音になっ

12.1 Wavetable 合成

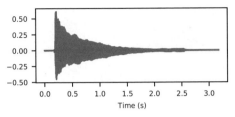

図 **12.1** ピアノ音の時間波形

たら減衰し（decay），その後，キーを押す間や息が続く間持続する場合があり（sustain），最後に余韻（release）がある，という構造として大雑把に近似できる。

また，スペクトログラムを見るとわかるように，発音から時間が経つにつれて倍音構造が変化していることがわかる（図 **12.2**）。

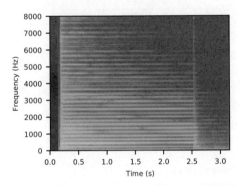

図 **12.2** ピアノ音のスペクトログラム（一部拡大）

このような楽器音の変異の変化を四つの直線（指数関数などの曲線の場合もある）で近似するのが **ADSR** エンベロープである。実際の楽器音の ADSR エンベロープを模倣するには，変位の変化を見なければならない。図 12.1 の波形の絶対値をプロットすると図 **12.3** のようになる。波形の平均値が 0 でない場合は，まず波形データの各点から，平均値を引いておいた方がよい。

ADSR エンベロープを，例えば，図 **12.4** に示した 4 本の直線で近似することを考える。この直線の開始時刻などを表 **12.1** に示す。

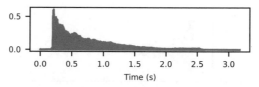

図 12.3 ピアノ音の時間波形（絶対値）

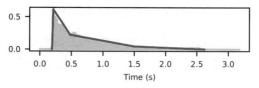

図 12.4 ピアノ音の ADSR エンベロープ

表 12.1 ADSR 区間

	開 始	終 了	終了時の変位
A	0.19	0.21	0.61
D	0.21	0.48	0.22
S	0.48	1.50	0.044
R	1.50	2.62	0

つぎのようなプログラムを実行すると模倣した ADSR エンベロープをプロットできる。ただし上記の 4 本の直線を生成する関数を adsr1(env)（章末問題【1】で作成する）とする（図 12.5）。また開始時刻を 0 としている。

```
>>> from adsr1 import adsr1
>>> y,fs=cis.wavread('piano.wav')
>>> fmt=np.array([[0,0.02,0.61],
... [0.02,0.29,0.22],
... [0.29,1.31,0.044],
... [1.31,2.43,0]])
>>> plt.plot(adsr1(fmt,fs))
[<matplotlib.lines.Line2D object at 0x119178b38>]
>>> plt.show()
```

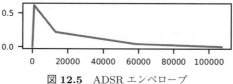

図 12.5 ADSR エンベロープ

つぎのようにすれば，適当な音声データを ADSR エンベロープで振幅変調できる。

```
>>> ADSR=adsr1(fmt,fs)
>>> sq=ss.square(2*np.pi*220*np.arange(0,ADSR.shape[0])/fs)
>>> cis.audioplay(ADSR*sq,fs)
>>> cis.audioplay(y,fs)
```

square は，矩形波を生成する関数である。

12.1.2 楽器音からの波形データの抽出

Wavetable 法では，模倣したい音の 1 波長のデータを用いる。そこで，とりあえず，楽器音の適当な部分の 1 周期分を抽出する。そのためには，1 周期分の長さを推定しなければならない。

録音した楽器音の 1 周期の長さを推定する方法はいくつかある。

1) 楽器音の音高がわかっている場合は，その音高に対応する周波数の値を用いて推定する。

2) 波形を拡大して目視で観察して求める。

3) 自己相関などの方法を用いて推定する。

ここでは，12.1.1 項のピアノ音（サンプリング周波数 44.1 kHz）の A の部分から，目視で 1 周期，204 点分を抽出した。

```
>>> a=y[8859:9063]
>>> plt.plot(a)
[<matplotlib.lines.Line2D object at 0x119287da0>]
>>> plt.show()
```

この波形を ADSR の長さ程度に繰り返し，上記の矩形波の代わりに用いてピアノ音をシミュレートしてみる。

```
>>> wnum=int(np.ceil(ADSR.shape[0]/a.shape[0]))
>>> yy=mlb.repmat(a,1,wnum)
>>> cis.audioplay(yy[0,:ADSR.shape[0]]*ADSR,fs)
```

矩形波に比べると，より元データと似た高さの音が確認できる。ceil はその値を超える最小の整数を返す関数である。

12.1.3 複数のテンプレートを用いた合成

実際の楽器の音は，時間によって音色が変化する。ここでは，簡単にプログラムできるように ADSR の区間に対応させて変化させる。四つの区間から 12.1.2 項の手法で，ADSR のそれぞれの区間から 1 周期分を抽出したものをプロットすると図 12.6 のようになる。ただし，すべて開始点の位相はほぼ 0 になるように抽出している。また このプロットでは，絶対値の最大値が 1 になるように正規化している。区間によって波形が異なることがわかる。

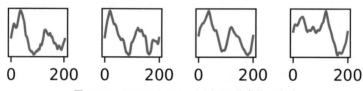

図 12.6　ADSR それぞれの区間の代表的な波形

これらの波形がすべて同じ周期を持っていたとしても，例えば，A から D に遷移する場合に，直接異なる波形をつなごうとするとなめらかにつながらない場合もある。

そのような場合に，なるべくなめらかにつなぐ手法として，二つの波形の比率を徐々に変化させて足し合わせる手法がある。重なり合うところでは，先行する波形（ここでは A）を直線的に減少させ，後続の波形（ここでは D）を直線的に増大させる。そのようにして足し合わせるとなめらかに変化する。重なる部分を 5 周期分の長さだとすると，実際には図 12.7 のようになる（図(a)が A の波形，図(b)が D の波形，図(c)は足し合わせた波形である）。

ここまでの考え方に基づくと，ADSR エンベロープに合わせて，音源を切り替えて音を合成する関数はプログラム 12-1 のようになる。

12.1 Wavetable 合成

（a） 減少させた A の繰り返し波形

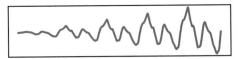

（b） 増大させた D の繰り返し波形

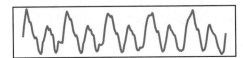

（c） （a）と（b）を足し合わせた波形

図 **12.7** 異なる区間の加算

―――― プログラム **12-1**（Wavetable 合成プログラム）――――

```
1   import numpy as np
2   import numpy.matlib as mlb
3   from adsr1 import adsr1
4
5   def wavetable_synth1(table, env, fs):
6       period,ntemplate=table.shape
7       nframe1=int(np.floor((env[0,1]-env[0,0])*fs/period))
8       nframe2=int(np.floor((env[1,1]-env[1,0])*fs/period))
9       nframe=min(nframe1,nframe2)
10      ntrans=int(np.floor(nframe/2))
11      up=np.linspace(0,1,ntrans*2*period)
12      down=np.linspace(1,0,ntrans*2*period)
13      wave=mlb.repmat(table[:,0],1,nframe1-ntrans)[0]
14      for k in range(ntemplate-2):
15          pre=mlb.repmat(table[:,k],1,ntrans*2)[0]*down
16          cur=mlb.repmat(table[:,k+1],1,ntrans*2)[0]*up
17          wave=np.hstack((wave,pre+cur))
18          nframe1=nframe2
19          nframe2=int(np.floor((env[k+2,1]-env[k+2,0])*fs/period))
20          nframe=min((nframe1-ntrans)*2,nframe2)
21          ntrans_prev=ntrans
22          ntrans=int(np.floor(nframe/2))
23          up=np.linspace(0,1,ntrans*2*period)
```

148　　12. 音声・画像処理の応用

```
24          down=np.linspace(1,0,ntrans*2*period)
25          cur=mlb.repmat(table[:,k+1],1,nframe1-ntrans-ntrans_prev)[0]
26          wave=np.hstack((wave,cur))
27      k=k+1
28      pre=mlb.repmat(table[:,k],1,ntrans*2)[0]*down
29      cur=mlb.repmat(table[:,k+1],1,ntrans*2)[0]*up
30      wave=np.hstack((wave,pre+cur))
31      cur=mlb.repmat(table[:,k+1],1,nframe2-ntrans)[0]
32      wave=np.hstack((wave,cur))
33      ADSR=adsr1(env,fs)
34      wave_end=min(ADSR.shape[0],wave.shape[0])
35      return(wave[:wave_end]*ADSR[:wave_end])
```

このプログラムでは，なるべくなめらかにつなげられるように，A，D，S，
Rそれぞれの区間でなるべく長い範囲で隣接する区間を混ぜ合わせることにし
た。そこで，隣接する区間の半分の短い方の長さで混ぜ合わせるようにしてい
る。その長さを指定する変数が ntrans である（6，18行目）。up, down が重
ねる範囲で直線的に増大，減少させる関数である（7，8，19，20行目）。11，
12行目では，up, down で振幅変調を行い，13行目で二つの波形を足し合わせ
ている。

　この関数を使うときには，事前に table, env を決めておかなければならな
い。その場合には，例えば，つぎのように mat ファイルとして保存しておくと
便利である（y には元の楽器音の音声波形が入っている。ここでは，12.1.1 項
の piano.wav を用いている）。

```
1  >>> waves=[y[8859:9063],
2  ... y[11479:11679],
3  ... y[23700:23901],
4  ... y[60024:60224]]
5  >>> period=int(np.fix(fs/220))
6  >>> table=np.zeros((period,4))
7  >>> for k in range(table.shape[1]):
8  ...     table[:,k]=ss.resample_poly(waves[k],period,waves[k].shape[0])
9  >>> table=table-np.mean(table,axis=0)
10 >>> table=table/np.max(np.abs(table),axis=0)
11 >>> sio.savemat('piano1.mat',{'table':table,'fs':fs,'env':fmt})
```

ピアノの音は，弦の振動の影響で基本周波数がゆらぐ。したがって，テンプレートを抽出する部分によって周期が異なる。そこで，8 行目で周期を統一している（resample-poly については 12.1.5 項参照）。9 行目では，平均を 0 にしている。10 行目では，絶対値の最大値が 1 になるように正規化している。11 行目では，piano1.mat というファイルに変数 table, fs, fmt の内容を関数 savemat を使って書き出している。savemat は第 2 引数で，変数名と変数の関係を辞書型のデータとして指定する。

この piano1.mat ファイルを使うと，以下のようにして楽器音を生成できる。

```
>>> from wavetable_synth1 import wavetable_synth1
>>> pdata=sio.loadmat('piano1.mat')
>>> type(pdata)
<class 'dict'>
>>> pdata['fs']
array([[44100]])
>>> fs=pdata['fs'][0][0]
>>> cis.audioplay(wavetable_synth1(pdata['table'],pdata['env'],fs),fs)
```

関数 loadmat は mat 形式のファイルの内容を読み込む。ここでは，pdata という変数に読み込ませている。pdata は Python の組み込み型の一つである辞書型になるので，辞書型としてアクセスする必要がある。

この合成方法では，table に格納する音によって合成する音の質が変化する。また，より細かい音色の変化を表現したければ，区間の数を増やせばよい。

12.1.4 長 さ の 変 更

合成音源を利用して演奏を生成するには，長さと高さが変更できなければならない。長さは，wavetable_synth1 の第 2 引数 env を調整することで変更するのが簡単である。

ここで模倣した ADSR エンベロープは 2.62 秒である。例えば 120 BPM（1 分間に 4 分音符が 120 個のテンポ）の場合，4 分音符の長さは 0.5 秒である。例えば，伸び縮みするのは，S，R の部分であるとして，例えばつぎのような

150   12. 音声・画像処理の応用

env120_4 を設計し，0.5秒の音を生成する。なお，`wavetable_synth1` の生成方法では，D と S は最低でも5周期程度はあった方がプログラミングしやすい。

```
>>> env120_4=np.array([[0,0.02,0.61],
... [0.02,0.29,0.22],
... [0.29,0.40,0.044],
... [0.40,0.5,0]])
>>> cis.audioplay(wavetable_synth1(pdata['table'],env120_4,fs),fs)
```

12.1.5　リサンプルによるピッチの変更

Wavetable 合成では，1周期分のデータを用いて楽器音を生成する。したがって，このデータの長さで生成される音程が決まる。Python で音源波形の形を保ちつつ周期を変化させる一番簡単な方法は，`resample_poly` を利用する方法である。`resample_poly` は第2引数 p と第3引数 q を設定すると波長は元の p/q の長さになる。

例えば，つぎのように $p=1$，$q=2$，$p/q=1/2$ とすると波長が半分になるので，元と同じサンプリング周波数で再生することを想定すると1オクターブ高い音を生成できる。

```
>>> table=ss.resample_poly(pdata['table'],1,2)
>>> cis.audioplay(wavetable_synth1(table,pdata['env'],fs),fs)
```

12.2　衛星画像の時間変化領域の解析

衛星に搭載された画像センサは，それぞれ観測目的に応じてある特定の波長帯に感度を持つように作られている。通常の可視光の範囲のほかに，植生や水の領域でコントラストが得られる近赤外の波長帯や鉱物の種類を見分けるための中間赤外の波長帯，さらには温度計測が可能な熱赤外の波長帯などが使われている。これらの中から三つの波長帯を選んで，それぞれを赤，緑，青に見立ててカラー合成すると，波長帯の特徴に応じて特定の対象物がほかとは異なる

12.2 衛星画像の時間変化領域の解析　　*151*

色で表現されて，容易に視認できるようになる（このような画像はフォールスカラー画像と呼ばれる）。

　時間をおいて，同じ場所を観測した複数枚の衛星画像を使うと，その間に土地利用がどのように変化したかを調べられる。可視光の波長帯だけでなく近赤外や中間赤外の波長帯を用いてこうした解析を行うと，植生の減少や急激な都市化といった自然環境の変化の調査に役立つ情報が得られる。

　解析の手順はつぎの通りである。

1)　画像の重ね合わせ

　（a）　コントロールポイントの選定と精度評価

　（b）　重ね合わせ

2)　変化のクラスタリング

　（a）　重なった 2 枚の画像を 1 枚の多バンド画像と見なしたクラスタリング

　（b）　代表的な変化パターンの選定

　（c）　分光特性（色）に基づく土地利用変化の推定

ここでは，重ね合わせの部分は省略する。同じ場所を同じサイズで撮影した**多バンド画像**の対応する画素の 4 バンド（RGB と近赤外）ずつをつなぎ合わせて 8 バンド画像と見なす。**プログラム 12-2** でこの画像をクラスタリング（教師なし分類）する。

―― **プログラム 12-2**（k 平均法による季節変化のクラスタリング）――

```
 1  B1=cv2.imread('20140312_B4.pgm',-1)
 2  h,w=B1.shape
 3  X=np.zeros((h,w,4))
 4  X[:,:,0]=B1
 5  X[:,:,1]=cv2.imread('20140312_B3.pgm',-1)
 6  X[:,:,2]=cv2.imread('20140312_B2.pgm',-1)
 7  X[:,:,3]=cv2.imread('20140312_B5.pgm',-1)
 8  Y=np.zeros((h,w,4))
 9  Y[:,:,0]=cv2.imread('20140803_B4.pgm',-1)
10  Y[:,:,1]=cv2.imread('20140803_B3.pgm',-1)
11  Y[:,:,2]=cv2.imread('20140803_B2.pgm',-1)
12  Y[:,:,3]=cv2.imread('20140803_B5.pgm',-1)
```

```
13    plt.imshow(np.uint8(np.clip(X[:,:,0:3]/np.max(X)*256*3,0,255)))
14    plt.show()
15    plt.imshow(np.uint8(np.clip(Y[:,:,0:3]/np.max(Y)*256*3,0,255)))
16    plt.show()
17    Z=np.hstack((X.reshape((h*w,4)),Y.reshape((h*w,4))))
18    c=clst.KMeans(n_clusters=10).fit(Z) # 非常に時間がかかる
19    plt.imshow(((c.labels_+1)*25).reshape((h,w)),cmap='gray')
20    plt.show()
```

13，15行目では，4バンドのうちRGBの3バンドだけを用いてカラー画像として描画している．17行目で8バンド画像を生成し，Zとしている．18行目で，k平均法を用いてクラスタ数10にクラスタリングしている．KMeansはk平均法でクラスタリングするクラスである．n_clusters引数で，クラスタ数を指定する．fitメソッドでクラスタリングを行う．cにはクラスタリング結果のオブジェクトが返される．19行目で，クラスタリング結果のlabels_には，各画素を分類した結果のクラスタ番号が格納されている．このクラスタ番号を明るさに対応させたグレイスケール画像としてクラスタリング結果を可視化している．

KMeansは，初期値をランダムに選び，繰り返し計算でクラスタを作成するので，実行するたびに中心も分類結果も変わる．

クラスタの中心をプロットして比較する．クラスタの中心は，cluster_centers_に格納されている（図**12.8**）．

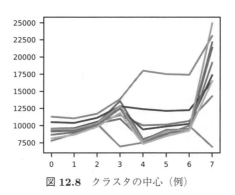

図**12.8** クラスタの中心（例）

```
plt.plot(c.cluster_centers_.T)
plt.show()
```

　季節に起因する違いが大きいが，Xの方が似たような状態が多いことがわか
る。第4バンド（インデクス3，7）がほかの9本から大きく離れて小さい値と
なっているクラスタは海などの水の部分である。XとYがどのバンドも異なる
ものは，水田などである。第4バンド（インデクス3，7）以外はXでもYで
もあまり変わらないのは，山の常緑樹の部分である。

　クラスタリングの結果を観察してみる（**プログラム 12-3**）。

────── **プログラム 12-3** ──────
```
>>> plt.figure(1); plt.imshow((c.labels_==1).reshape((h,w)),cmap='gray')
<matplotlib.figure.Figure object at 0x1081e5898>
<matplotlib.image.AxesImage object at 0x1129d6518>
>>> plt.figure(8); plt.imshow((c.labels_==8).reshape((h,w)),cmap='gray')
<matplotlib.figure.Figure object at 0x1129d6b38>
<matplotlib.image.AxesImage object at 0x112a52c18>
>>> plt.figure(9); plt.imshow((c.labels_==9).reshape((h,w)),cmap='gray')
<matplotlib.figure.Figure object at 0x112a57278>
<matplotlib.image.AxesImage object at 0x112a9d320>
>>> plt.show()
```

　この例の場合も，実行するたびに結果は変わる。クラスタリング結果はおお
むね同じであっても，クラスタ番号はランダムに変わることに注意が必要であ
る。1行目では，クラスタ番号1の部分だけの2値画像として可視化している。
c.labels_==1は，クラスタ番号が1のときだけ1となり，それ以外は0とな
る。したがって，クラスタ番号1の部分だけが白くなる。この例の場合の出力
結果は**図 12.9**のようになる。

　この結果をXやYと照らし合わせるとクラスタ番号1は水，クラスタ番号
8は濃い緑のまま変化がなかった土地，クラスタ番号9は「裸地から緑（水田
など）」に変化した土地であると対応付けられる。

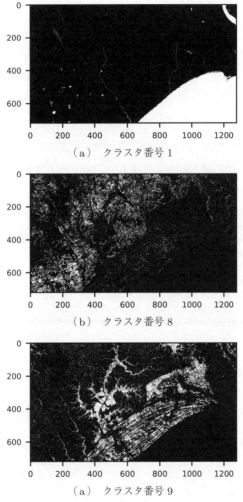

（a） クラスタ番号 1

（b） クラスタ番号 8

（a） クラスタ番号 9

図 **12.9** クラスタの可視化例（クラスタ番号 1, 8, 9）

章 末 問 題

【1】 12.1.1 項で説明した関数 adsr1 を作成せよ（ヒント：プログラム 12-1 の 5～6 行目を参考にすると簡単に実装できる）。

【2】 多くの楽器の音量の変化は指数関数の方がよりよく表現できる．例えば，対数をとってプロットした音量変化を見てみる．これを 4 本の直線で近似することもできそうである．対数プロット上での直線 4 本による ADSR を実現する adsr2 を作成せよ．出力例をプロットすると図 12.10 のようになる．

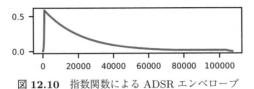

図 12.10 指数関数による ADSR エンベロープ

adsr1 と違って 0 の指定が難しいので，ADSR 区間での音量は開始点と終了点の両方を指定する形式で実現している．図 12.10 では，表 12.2 の値を利用した．ただし，変位は $\log_{10}$ をとった値である．

表 12.2 指数関数向け ADSR 区間

	時刻 開始	時刻 終了	変位 開始	変位 終了
A	0.00	0.02	−2.1	−0.23
D	0.02	1.65	−0.23	−1.7
S	1.65	2.35	−1.7	−1.7
R	2.35	2.43	−1.7	−2.6

【3】 音高と音長の組を与えてメロディを作成することを考える．そのためには，まず，table がどの音高に対応するのかがはっきりした方がよい．そこで，クラスというデータ構造を利用してさまざまな情報を一括して管理できるようにした方が便利である．

　Python のクラスは，フィールド名を用いて対応する値を参照したり変更したりできる．このクラスで，table の周波数に対応する音高を pitch に記憶できるようにする．ここでは，コンピュータ向けの演奏情報の規格である MIDI で利用されている，440 Hz の「ラ」を 69 とし，半音上がると 1 増え，半音下がると 1 減る整数値で音高を表すことにする．クラスの利用例をつぎに示す．この例では，周波数は 220.5 Hz であるが，それを 69 より 1 オクターブ低い 57（ラ）としている．

```
>>> class Inst():
...     def __init__(self,fs):
...         self.fs=fs
```

```
>>> piano=Inst(fs)
>>> piano.table=table
>>> piano.env=fmt
>>> 1/(piano.table.shape[0]/piano.fs)
220.5
>>> piano.pitch=57
>>> sound=piano
>>> sound.pitch
57
```

このクラスと音高と音長（単位は〔s〕）を引数にとる関数 wavetable_synth2 を作成せよ。

【4】 wavetable_synth1 または wavetable_synth2 を用いて，楽譜情報を表す二つの配列音高に関する p と音長に関する v とテンポ bpm を引数にとってメロディに対応する音声データを生成する関数 melody を作成せよ。ただし，p は MIDI のノート番号で指定し，v は 4 分音符を 1 とする相対長，bpm は 1 分間に 4 分音符がいくつ分になるかを表す実数とする。休符は p を 0 とすることで表す。下記の楽譜は図 **12.11** のように表される。

  p = [60, 60, 62, 64, 0, 62, 60, 0]
  v = [1, 1/2, 1/2, 1, 1/2, 1/2, 3, 1]

図 **12.11**　メロディの例

【5】 自分で収録したピアノ以外の楽器音を利用して 12.1 節と同じように Wavetable 合成を行え。

【6】 プログラム 12-2 では，クラスタ数 10 個であったが，クラスタ数 6 個とクラスタ数 8 個にした場合のクラスタリングを行い，結果を比較せよ（ヒント：バンド数が 4 と少ないので十分な解析はできないが，濃い緑，薄い緑，裸地の三つを中心に比較してみよ）。

【7】 クラスタ数 6 個のクラスタリング結果について，プログラム 12-3 で試みたような変化の意味付けを試みよ。

【8】 2 枚の画像での変化の教師データとして，対象としたい変化が起きている領域の対応する部分の値 8 バンド分を与える方法を考える。このような教師データ

を与えて，同じ変化をしている領域を表示するプログラムを作成せよ（変化の教師付き分類を行うプログラムを作成せよ）。

【9】 12.2節と同じような分析を，例題とは別の場所について行え。衛星写真のダウンロード方法は，http://legacy.geogrid.org/doc/LBM30.pdf（2018年2月現在）を参照せよ。よく知っている土地の写真を用いた方が分析はやりやすい。なお，12.2節で利用している写真は，対応がとれる範囲を小さく切り出したものである。

章末問題ヒント

章末問題のうち，各章のプログラムをほぼそのまま実行すればよい問題以外の問題に対して，ヒント，または，得られる結果の画像を掲載する。

1章
【3】（1）横軸の単位は ms である（図 A.1）。

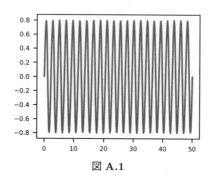

図 A.1

（2）横軸の単位は ms である（図 A.2）。

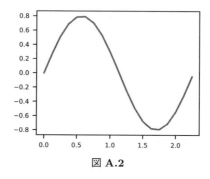

図 A.2

【6】 NumPy の array の最大値を求める関数は np.max で，絶対値を求める関数は np.abs である。

【9】 t を正しく生成した場合 plt.plot(ymix) は図 A.3 のようになる。

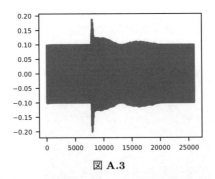

図 A.3

【10】 vibra8.wav を反転させたものをプロットすると図 A.4 のようになる。

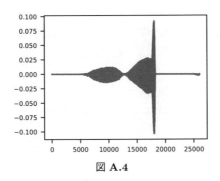

図 A.4

【11】 vibra8.wav を振幅 1，周波数 4 Hz の正弦波で振幅変調したものをプロットすると図 A.5 のようになる。

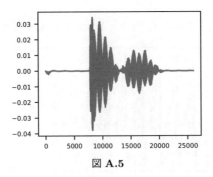

図 A.5

2章

【9】 DSCF6600_normal.JPG では，例えば図 A.6 のようになる。この例では，照明で光っている部分がうまく抽出できていない一方で，肌色とは言い難い唇の部分が誤って抽出されていることがわかる。

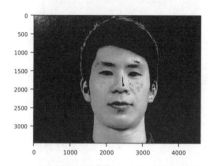

図 A.6

【10】 サポートサイトの処理例の動画ファイル ans02_10.mp4 参照。

3章

【1】 正しくプロットできれば図 A.7 のようになる。

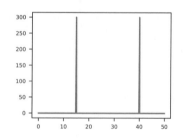

図 A.7

【2】 a-.wav の適当な部分をプロットしたものは図 A.8 のようになる。

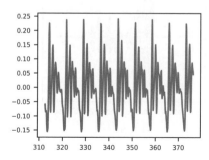

図 A.8

章末問題ヒント　　*161*

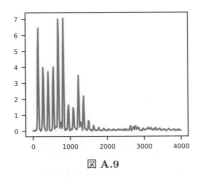

図 **A.9**

その部分のスペクトルは図 **A.9** のようになる。

【6】 aiueo8.wav で，FFT 長を 512 点，シフトを 1 点とした場合のスペクトログラムは図 **A.10** のようになる。

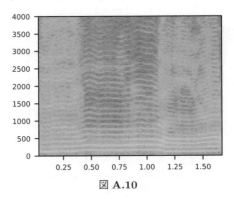

図 **A.10**

FFT 長を 64 点，シフトを 1 点とした場合のスペクトログラムは図 **A.11** のようになる。

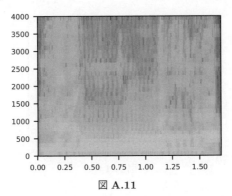

図 **A.11**

4章

【2】 スペクトログラムは図 **A.12** の通り。

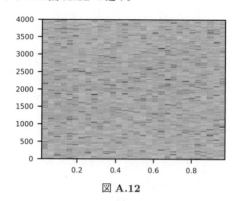

図 **A.12**

【4】 3点の場合のスペクトルは図 **A.13** の通り。

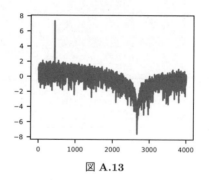

図 **A.13**

7点の場合は図 **A.14** の通り。

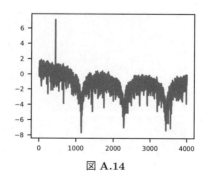

図 **A.14**

章末問題ヒント　　163

【5】 横軸は正規化周波数である（図 A.15）。

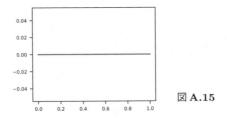

図 A.15

5 章

【2】 cyclist-394274_640.jpg を wlen=100 とした場合，図 A.16 のようになる。雲などは消えているが，草木のところは残っている。

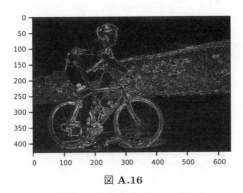

図 A.16

【3】 building-1081868_640.jpg に対し，LPF を掛けると図 A.17 のようになる。

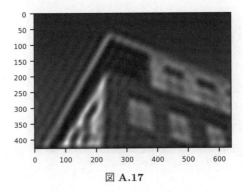

図 A.17

【6】 building-1081868_640.jpg に対し BPF を掛けた例は図 A.18 の通り。だいたいの形状がわかる。

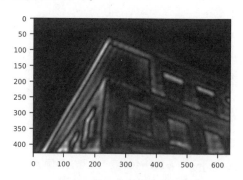

図 A.18

【8】 完全に消えるわけではない（図 A.19）。

図 A.19

【9】 building-1081868_640.jpg を暗くすると図 A.20 のようになる。plt.imshow の場合は，引数で vmax=255 を指定しないと自動的に正規化されて暗くならないので注意が必要である。

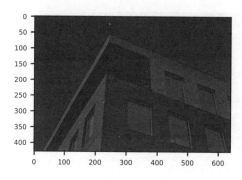

図 A.20

【12】 指定通りに拡大されると周期が 2 倍，つまり，長さが 2 倍になる。元と同じサンプリング周波数で再生すると音は低くなる。

6 章

【1】 プログラム 6-1 の G を対象にした場合，図 **A.21** のようになる。

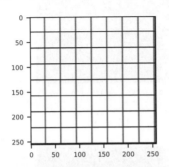

図 **A.21**

【2】 サイズが 7 の場合は図 **A.22** のようになる。

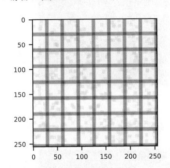

図 **A.22**

【3】 振幅を 1 に正規化して，正弦波を点線，その微分を実線でプロットすると図 **A.23** のようになる。

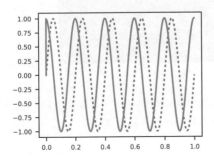

図 **A.23**

【4】 5.1節などを用いた building-1081868_640.jpg を処理した例は図 **A.24** の通り。

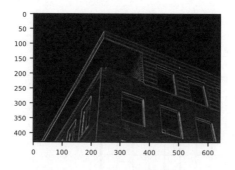

図 **A.24**

【5】 必ずしも最適な画像ではない（図 **A.25**）。

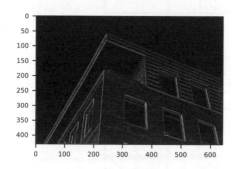

図 **A.25**

【6】 必ずしも最適な画像ではない（図 **A.26**）。

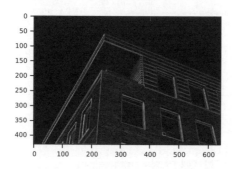

図 **A.26**

【7】 設定する引数によって大きく結果は変わる。なるべくエッジがたくさん検出されないように設定した例である（図 **A.27**）。

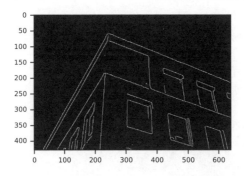

図 A.27

【8】 サポートサイトの rose.jpeg を処理した結果が，サポートサイトの ans06_08.png である．よく観察すると，左端の白い花や奥のバラが明確になったことがわかる．

【9】 プログラム 5-4 などで用いた cyclist-394274_640.jpg にノイズを追加した場合，図 A.28 のようになる．

図 A.28

その画像に対し，カーネルサイズ 5 の 2 次元メディアンフィルタを掛けると図 A.29 のようになる．

図 A.29

また，サイズ5の平均化フィルタを掛けると図 **A.30** のようになる。メディアンフィルタの方がエッジがはっきりしていることがわかる。

図 **A.30**

7 章

【7】 白色雑音に対する自己相関の結果をプロットすると図 **A.31** のようになる。

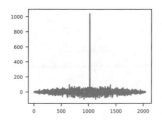

図 **A.31**

8 章

【4】 プログラム 5-4 などで用いた `cyclist-394274_640.jpg` を用いて，z0 の左上の座標を $(235, 39)$ とした場合（人物の顔の部分）の散布図は図 **A.32** の通り。

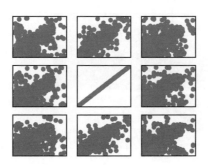

図 **A.32**

また，z0 の左上の座標を (335, 39) とした場合（空の部分）の散布図は図 **A.33** の通り．空のように周辺が似た領域の場合は相関は大きいことがわかる．

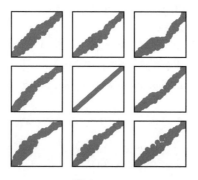

図 **A.33**

【5】 `sim_corrcoef` を改造して，y の要素のうち指定の個数だけランダムな外れ値に変更できるようにする．外れ値は，y の平均値と y の誤差を標準偏差とする正規乱数とする．実行結果は例えばつぎのようになる．外れ値の数が増えると相関係数が小さくなることがわかる．

```
num= 100 xmax= 0.5 number of outliers= 0
r=0.9796740194886459
num= 100 xmax= 0.5 number of outliers= 1
r=0.9716584661473601
num= 100 xmax= 0.5 number of outliers= 2
r=0.935838057053395
num= 100 xmax= 0.5 number of outliers= 3
r=0.830183518249318
num= 100 xmax= 0.5 number of outliers= 4
r=0.88577595969378814
num= 100 xmax= 0.5 number of outliers= 5
r=0.7449341156308363
num= 100 xmax= 0.5 number of outliers= 6
r=0.7772268811071463
num= 100 xmax= 0.5 number of outliers= 7
r=0.7594494349422314
num= 100 xmax= 0.5 number of outliers= 8
r=0.65356726263802
num= 100 xmax= 0.5 number of outliers= 9
r=0.4199437080083885
```

【6】 例えば，5.1 節などで用いた building-1081868_640.jpg の (160, 160) を左上とする 32 × 32 の小領域のような大きなエッジがある場合には，似たような小領域である (50, 370) を左上とする小領域でも相関係数は期待するような値にはならないことが多い．

【7】 正しく処理できれば，その小領域自体との相関（つまり，相関係数 1）を頂点とする単峰性の分布が確認できるはずである．

【9】 OpenCV の matchTemplate 関数と minMaxLoc を使うと簡単に高速な処理を行える．

9 章

【1】 スペクトログラムを示す（図 A.34）．

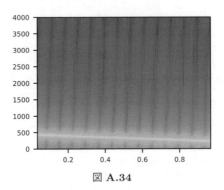

図 A.34

【2】 スペクトログラムを示す（図 A.35）．

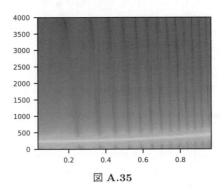

図 A.35

【3】 スペクトログラムを示す（図 A.36）．

章末問題ヒント　　*171*

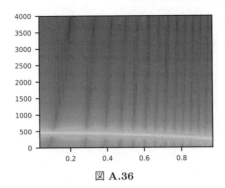

図 **A.36**

【7】 式 (9.19) で $C = 880$, $M = 1\,200$ のときのスペクトログラムを示す（図 **A.37**）。

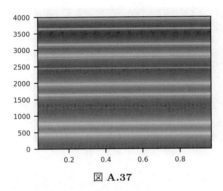

図 **A.37**

【8】 aiueo8.wav を変調したときのスペクトログラムを示す（図 **A.38**）。

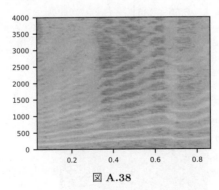

図 **A.38**

【9】 aiueo8.wav を変調したときのスペクトログラムを示す（図 **A.39**）。

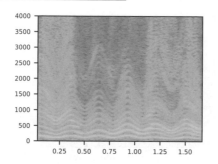

図 A.39

10章

【1】 例えば，building-1081868_640.jpg は図 A.40 のように変換される。

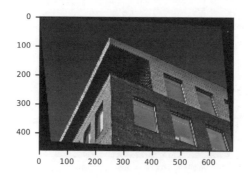

図 A.40

【4】 対応点の取り方で多少の違いは生じるが，以下のような行列になる。

$$\begin{bmatrix} -0.85 & -0.89 & 926 \\ 0.06 & -0.55 & 236 \end{bmatrix}$$

【5】 OpenCV の getPerspectiveTransform を用いて推定するのが簡単である（図 A.41）。

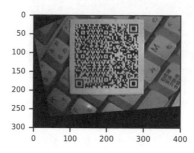

図 A.41

11 章

【2】 サポートサイトの higashi16.wav について，フレーム長 80, 160, 320 点のものを順にプロットすると以下の通り（図 **A.42**）。

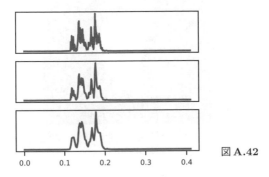

図 **A.42**

【8】 numpy.linalg.norm を活用すると簡単に計算できる（図 **A.43**）。

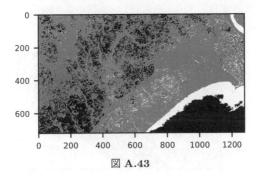

図 **A.43**

【9】 結果は図 **A.44** の通り。

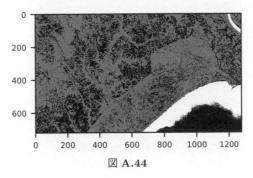

図 **A.44**

【10】 クラスタ数 5 のときの結果を図 A.45 に示す（初期値が乱数なので，試行ごとに結果は少し変わる）。

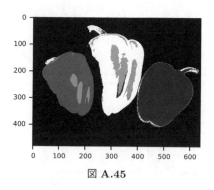

図 A.45

12 章

【8】 2014 年 3 月と 8 月のデータを用いて，水田のように冬は土色で夏は緑色になる領域を黒く表示した例は図 A.46 の通りである。

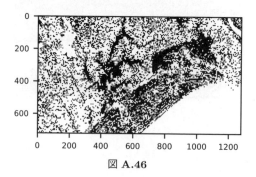

図 A.46

索　引

【あ・い】

アフィン変換　121
位　相　37
位相角　37
位相平面　37
1 次式　49
移動平均フィルタ　51, 79
インデクス　5, 7
インパルス　53
インパルス応答　53

【え・お】

衛星画像　136
エッジ　61, 96
エッジ検出　77
オイラーの公式　104
音声波形　5

【か】

回　転　115
拡　大　119
角　度　82
加　算　48
可視化　5
画　素　18
カラーエッジ　96

【き】

基本周波数　87
逆フーリエ変換　44
教師付き分類　135
距　離　81

【く】

空間周波数　62
空間周波数スペクトル　61
クラスタリング　141
グレイスケール画像　17

【さ】

斉次座標表現　118
最小値　29
最大値　29
最短距離法　141
最尤法（分類）　139
雑　音　51
座　標　19
散布図　98
サンプリング周期　2, 49
サンプリング周波数　2

【し】

時間解像度　44
時間波形　5
時間領域　44
しきい値　29
自己相関関数　87
システム　48
射影変換　124
周期関数　86
周期性　38
周波数　1
周波数応答　54
周波数成分　35
周波数特性　54
周波数分解能　36

【す】

周波数変調　107
周波数領域　44
縮　小　119
出　力　48
純　音　1
瞬時周波数　107
振　幅　1
振幅スペクトル　35
振幅変調　12

【す】

スカラ　2
スペクトル　35
スペクトログラム　43

【せ】

正規化　15
正規化相関法　141
正弦波　1
絶対値　35
零交差　132
鮮鋭化　77
漸化式　56
線形システム　49
線形チャープ　107
せん断　128

【そ】

相関係数　84
相関係数行列　97
相互相関関数　85

【た】

ダイナミックレンジ　98

索　　　　　引

多次元正規分布 139
畳み込み 53
多バンド画像 151
単位インパルス 53
短時間エネルギー 131

【ち・て】

遅　延 49
チャープ信号 106
中央値 79
直流成分 44, 62
定数倍 49
デローネイ三角分割 124

【と】

同次座標表現 118
特徴空間 95, 139
特徴量 131

【な・に・の】

ナイキスト周波数 36
内　積 82
入　力 48
ノルム 82

【は】

バイナリマスク 27
白色雑音 51
外れ値 99
ハニング窓 39
反　転 128
バンド 19
ハン窓 39

【ひ】

非線形フィルタ 79
ビブラート 107
微分係数 74
標準正規分布 52

【ふ】

フィードバック 56
フィルタ 50

複素指数関数 104
複素平面 37
フーリエ変換 34
フレーム（音声） 42
フレーム（ビデオ） 24
フレームシフト 89
分　散 138
分　類 130

【へ・ほ】

平均値 138
平行移動 118
ベクトル 2
偏　角 37
変換行列 116
補　間 109
ホワイトノイズ 51

【ま・め・ゆ】

マスク 27
窓関数 39
メディアン 79
ユークリッド距離 81, 95

【ら・り】

ラプラシアンオペレータ 78
リーク 39
離散的 2
離散フーリエ変換 34

【る・れ・ろ】

類似度 81
零交差 132
ローパスフィルタ 57
論理インデクス 28

【A・B】

@ 83
abs 35
ADSR エンベロープ 143
angle 37
arange 3
argrelmax 91

astype 18
audioplay 5
axis 116
BGR 21

【C】

ceil 146
clip 26
: 8
convolve 53, 73
convolve2d 71
corrcoef 97
correlate 85
correlated2d 100
cvtColor 21

【D・E】

Delaunay 125
dot 82
exec 10
exp 105

【F】

f_0 87
FFT 35
fft 34
fftconvolve 76
fftshift 44
fft2 64
figure 44
FIR 56
firwin 57

【G・H】

getAffineTransform 123
hanning 39
HPF 59, 65
hstack 12
hypot 77

【I】

ifft 44
ifft2 66

IIR	56			sign	133	
implay	25			sin	4	
imshow(cv2)	25	nan	92	Sobel オペレータ	76	
imshow		nanmean	93	specgram		
(matplotlib.pyplot)	18	nonzero（メソッド）	36	(matplotlib.mlab)	42	
info	4	nonzero（NumPy 関数）	110	specgram		
interp	110	norm	82	(matplotlib.pyplot)	43	
inv	122			square	145	
isnan	97			subplot	50	
		ones	20	subtract	26	
		pi	4	sum	82	
k 最近傍分類	135	PiecewiseAffine				
k 平均法	152	Transform	127			
KMeans	141, 152	plot	5	T	63	
KNeighboursClassifier		Prewitt オペレータ	80	triplot	117	
	136			uint8	18	
				uniform_filter	73	
		repmat	20	VideoCapture	25	
lfilter	57	resample_poly	94	vstack	90	
linspace	18	reshape	18			
loadmat	149	RGB	19			
loadtxt	126	RGB 色空間	95	warp	127	
LPF	57	roll	50	warpAffine	119	
lstsq	123	random.standard_normal		Wavetable 合成方式	142	
			52	wavread	13	
		rotate	117	wavwrite	14	
matchTemplate	101			zeros	20	
max	29					
medfilt2d	79	savemat	149	2 階微分	75	
min	29	scatter	98	2 次元		
minMaxLoc	102	setdiff1d	135	——の相互相関	100	
multivariate_normal	139	set_printoptions	4	2 次元畳み込み	71	
		shape	8	2 次元フーリエ変換	64	
		show	5			

【N】

【K】

【O・P】

【L】

【T・U・V】

【R】

【M】

【W・Z】

【S】

【数字】

—— 著者略歴 ——

伊藤　克亘（いとう　かつのぶ）
1993 年　東京工業大学大学院理工学研究科博士課程修了（情報工学専攻）
　　　　　博士（工学）
1993 年　電子技術総合研究所研究員
2003 年　名古屋大学大学院助教授
2006 年　法政大学教授
　　　　　現在に至る

花泉　弘（はないずみ　ひろし）
1981 年　東京大学大学院工学系研究科博士課程中退（計数工学専攻）
1981 年　東京大学助手
1987 年　工学博士（東京大学）
1987 年　法政大学専任講師
1989 年　法政大学助教授
1996 年　法政大学教授
　　　　　現在に至る

小泉　悠馬（こいずみ　ゆうま）
2014 年　法政大学大学院情報科学研究科博士前期課程修了（情報科学専攻）
2014 年　日本電信電話株式会社 NTT メディアインテリジェンス研究所研究員
　　　　　現在に至る
2017 年　電気通信大学大学院情報理工学研究科博士後期課程修了（情報学専攻）
　　　　　博士（工学）

Pythonで学ぶ実践画像・音声処理入門
Introduction to Media Computing in Python : A Practical Approach
Ⓒ Katsunobu Ito, Hiroshi Hanaizumi, Yuma Koizumi 2018

2018 年 4 月 27 日 初版第 1 刷発行 ★
2020 年 2 月 20 日 初版第 3 刷発行

検印省略	著 者	伊 藤 克 亘
		花 泉 弘
		小 泉 悠 馬
	発 行 者	株式会社 コロナ社
		代 表 者 牛来真也
	印 刷 所	三美印刷株式会社
	製 本 所	有限会社 愛千製本所

112–0011 東京都文京区千石 4-46-10
発 行 所 株式会社 コロナ社
CORONA PUBLISHING CO., LTD.
Tokyo Japan
振替 00140-8-14844・電話(03)3941-3131(代)
ホームページ https://www.coronasha.co.jp

ISBN 978-4-339-00902-6 C3055   Printed in Japan   (三上)

JCOPY <出版者著作権管理機構 委託出版物>
本書の無断複製は著作権法上での例外を除き禁じられています。複製される場合は、そのつど事前に、出版者著作権管理機構(電話 03-5244-5088, FAX 03-5244-5089, e-mail: info@jcopy.or.jp)の許諾を得てください。

本書のコピー、スキャン、デジタル化等の無断複製・転載は著作権法上での例外を除き禁じられています。購入者以外の第三者による本書の電子データ化及び電子書籍化は、いかなる場合も認めていません。
落丁・乱丁はお取替えいたします。

メディア学大系

（各巻A5判）

■第一期　監　　修　相川清明・飯田　仁
■第一期　編集委員　稲葉竹俊・榎本美香・太田高志・大山昌彦・近藤邦雄
　　　　　　　　　　榊　俊吾・進藤美希・寺澤卓也・三上浩司（五十音順）

配本順		著者	頁	本体
1.（1回）	メディア学入門	飯田　　仁 田畑　邦雄 近藤　邦雄 稲葉　竹俊 共著	204	2600円
2.（8回）	CGとゲームの技術	三上　浩司 渡辺　大地 共著	208	2600円
3.（5回）	コンテンツクリエーション	近藤　邦雄 三上　浩司 榎本　美香 共著	200	2500円
4.（4回）	マルチモーダルインタラクション	飯田　　仁 本田　　実 相川　清明 共著	254	3000円
5.（12回）	人とコンピュータの関わり	太　田　高　志 著	238	3000円
6.（7回）	教育メディア	稲葉　竹俊 松永　信介 飯沼　瑞穂 共著	192	2400円
7.（2回）	コミュニティメディア	進　藤　美　希 著	208	2400円
8.（6回）	ICTビジネス	榊　　　俊　吾 著	208	2600円
9.（9回）	ミュージックメディア	大山　昌彦 伊藤　謙一郎 吉岡　英樹 共著	240	3000円
10.（3回）	メディアICT	寺澤　卓也 藤澤　公也 共著	232	2600円

■第二期　監　　修　相川清明・近藤邦雄
■第二期　編集委員　柿本正憲・菊池　司・佐々木和郎（五十音順）

11.	CGによるシミュレーションと可視化	菊池　　司 竹島　由里子 共著		
12.	CG数理の基礎	柿　本　正　憲 著		
13.（10回）	音声音響インタフェース実践	相川　清明 大淵　康成 共著	224	2900円
14.	映像表現技法	佐々木・上林 羽田・森川 共著		
15.（11回）	視聴覚メディア	近藤　邦雄 相川　清明 竹島　由里子 共著	224	2800円

■第三期　監　　修　大淵康成・柿本正憲
■第三期　編集委員　榎本美香・大淵康成・藤澤公也・松永信介（五十音順）

16.	メディアのための数学	松永　信介 相川　清明 渡辺　大地 共著	
17.	メディアのための物理	大淵　康成 柿本　正憲 椿　　郁子 共著	
18.	メディアのためのアルゴリズム	藤澤　公也 寺田　卓久 羽田　　一 共著	
19.	メディアのためのデータ解析	榎本　美香 松永　信介 共著	

定価は本体価格+税です。
定価は変更されることがありますのでご了承下さい。

図書目録進呈◆

音響サイエンスシリーズ

（各巻A5判，欠番は品切です）

■日本音響学会編

頁　本体

			頁	本体
1.	音色の感性学 —音色・音質の評価と創造— —CD-ROM付—	岩宮 眞一郎編著	240	3400円
2.	空間音響学	飯田一博・森本政之編著	176	2400円
3.	聴覚モデル	森 周司・香田 徹編	248	3400円
4.	音楽はなぜ心に響くのか —音楽音響学と音楽を解き明かす諸科学—	山田真司・西口磯春編著	232	3200円
6.	コンサートホールの科学 —形と音のハーモニー—	上野 佳奈子編著	214	2900円
7.	音響バブルとソノケミストリー	崔 博坤・榎本尚也 原田久志・興津健二編著	242	3400円
8.	聴覚の文法 —CD-ROM付—	中島祥好・佐々木隆之 上田和夫・G.B.レメイン共著	176	2500円
9.	ピアノの音響学	西口 磯 春編著	234	3200円
10.	音場再現	安藤 彰男著	224	3100円
11.	視聴覚融合の科学	岩宮 眞一郎著	224	3100円
12.	音声は何を伝えているか —感情・パラ言語情報・個人性の音声科学—	森 大毅 前川喜久雄共著 粕谷英樹	222	3100円
13.	音と時間	難波 精一郎編著	264	3600円
14.	FDTD法で視る音の世界 —DVD付—	豊田 政弘編著	258	3600円
15.	音のピッチ知覚	大串 健吾著	222	3000円
16.	低周波音 —低い音の知られざる世界—	土肥 哲也編著	208	2800円
17.	聞くと話すの脳科学	廣谷 定男編著	256	3500円
18.	音声言語の自動翻訳 —コンピュータによる自動翻訳を目指して—	中村 哲編著	192	2600円
19.	実験音声科学 —音声事象の成立過程を探る—	本多 清志著	200	2700円
20.	水中生物音響学 —声で探る行動と生態—	赤松 友成 木村 里子共著 市川 光太郎	192	2600円
21.	こどもの音声	麦谷 綾子編著	254	3500円

以下続刊

笛はなぜ鳴るのか 足立 整治著
—CD-ROM付—

補聴器 山口 信昭編著
—知られざるウェアラブルマシンの世界—

音声コミュニケーションと障がい者 市川 熹編著

生体組織の超音波計測 松川 真美編著

骨伝導の基礎と応用 中川 誠司編著

定価は本体価格＋税です。
定価は変更されることがありますのでご了承下さい。

図書目録進呈◆

音響テクノロジーシリーズ

(各巻A5判，欠番は品切です)

■日本音響学会編

			頁	本体
1.	音のコミュニケーション工学 ―マルチメディア時代の音声・音響技術―	北脇信彦編著	268	3700円
3.	音の福祉工学	伊福部達著	252	3500円
4.	音の評価のための心理学的測定法	難波精一郎 桑野園子共著	238	3500円
5.	音・振動のスペクトル解析	金井浩著	346	5000円
7.	音・音場のディジタル処理	山﨑芳男 金田豊編著	222	3300円
8.	改訂 環境騒音・建築音響の測定	橘秀樹 矢野博夫共著	198	3000円
9.	新版 アクティブノイズコントロール	西村正治・宇佐川毅 伊勢史郎・梶川嘉延共著	238	3600円
10.	音源の流体音響学 ―CD-ROM付―	吉川茂 和田仁編著	280	4000円
11.	聴覚診断と聴覚補償	舩坂宗太郎著	208	3000円
12.	音環境デザイン	桑野園子編著	260	3600円
13.	音楽と楽器の音響測定 ―CD-ROM付―	吉川茂 鈴木英男編著	304	4600円
14.	音声生成の計算モデルと可視化	鏑木時彦編著	274	4000円
15.	アコースティックイメージング	秋山いわき編著	254	3800円
16.	音のアレイ信号処理 ―音源の定位・追跡と分離―	浅野太著	288	4200円
17.	オーディオトランスデューサ工学 ―マイクロホン、スピーカ、イヤホンの基本と現代技術―	大賀寿郎著	294	4400円
18.	非線形音響 ―基礎と応用―	鎌倉友男編著	286	4200円
19.	頭部伝達関数の基礎と 3次元音響システムへの応用	飯田一博著	254	3800円
20.	音響情報ハイディング技術	鵜木祐史・西村竜一 伊藤彰則・西村明共著 近藤和弘・薗田光太郎	172	2700円
21.	熱音響デバイス	琵琶哲志著	296	4400円
22.	音声分析合成	森勢将雅著	272	4000円
23.	弾性表面波・圧電振動型センサ	近藤淳 工藤すばる共著	230	3500円

以下続刊

物理と心理から見る音楽の音響	三浦雅展編著
建築におけるスピーチプライバシー ―その評価と音空間設計―	清水寧編著
聴覚・発話に関する脳活動観測	今泉敏編著
聴取実験の基本と実践	栗栖清浩編著

超音波モータ	青柳学 黒澤実共著 中村健太郎
聴覚の支援技術	中川誠司編著
機械学習による音声認識	久保陽太郎著

定価は本体価格＋税です。

定価は変更されることがありますのでご了承下さい。

図書目録進呈◆